サンゴ
知られざる世界

琉球大学熱帯生物圏研究センター
教授

山城 秀之 著

成山堂書店

本書の内容の一部あるいは全部を無断で電子化を含む複写複製（コピー）及び他書への転載は，法律で認められた場合を除いて著作権者及び出版社の権利の侵害となります。成山堂書店は著作権者から上記に係る権利の管理について委託を受けていますので，その場合はあらかじめ成山堂書店 (03-3357-5861) に許諾を求めてください。なお，代行業者等の第三者による電子データ化及び電子書籍化は，いかなる場合も認められません。

はじめに

　白い砂浜，淡い水色から濃い青（コバルトブルー），緑がかった青（エメラルドグリーン），深い場所の青みがかった黒。言葉では表現に困るほどサンゴ礁には多彩な海の色があります。何度見ても飽きることのない，誰もが惹きつけられる光景の一つかと思います。海底の白砂からの反射，プランクトン等の懸濁粒子が少なく透明度の高い水，深さの異なる複雑な地形，そして差し込む太陽の光，どれか一つが欠けてもこのような光景は成立しません。

　サンゴやサンゴ礁という言葉は誰でも知っていますが，サンゴとサンゴ礁の違いは？　そもそもサンゴという生き物は動物なのか植物なのか，何を食べてどのように子孫を残していくのか，等々の基本的なことをよく聞かれ，説明に窮することがあります。そして，サンゴ礁をなぜ守らなければいけないのか，サンゴ礁から何が得られるのか，といった自然科学・社会科学的な疑問を理解するためには多少の基礎知識が必要になってくることもあります。

　サンゴ礁が海洋に占める面積は全体のわずか 0.2% に過ぎません。しかし，サンゴ礁が海岸線に占める割合は全体の約 16% もあり，その海域には海洋生物の約 25% が棲息しています。そこから得られる水産資源に依存している人々も少なくありませんし，人間全体の生活や生存を左右する存在となっている場所でもあります。

　サンゴが生育し，サンゴ礁が発達する暖かい海は，実は生き物が棲むには厳しい環境とも言えます。海の透明度が高いということは，海水中の栄養塩が少ない貧栄養の海，すなわち植物プランクトンや動物プランクトンなどが少ないことを意味します。しかし，サンゴ礁には色鮮やかな魚をはじめ多くの生き物が集まっていますが，それはなぜでしょう。

　その理由は，サンゴの体の中に共生している褐虫藻という小さな藻とサンゴの関係がうまく成り立っているからです。褐虫藻の光合成で作り出された糖などの栄養分を，サンゴは自身の成長などのエネルギー源として利用しています

i

はじめに

が，使い切れなかった余剰分を粘液などにして周囲に放出しています。サンゴが放出した物質は，サンゴ礁の食物連鎖を支えるスタート台となり，多くの生物の糧となっています。小さなサンゴの個虫（ポリプ）が石灰を沈着しながら複雑な群体を作り，それらが集まり長い歳月をかけてサンゴ礁という大きな構造物となります。多くの生物はサンゴを住居として，あるいは食料のにじみ出てくる餌場として集まってきます。

サンゴ礁は貧栄養の暖海にありながら生物の生産量が大きいので「海の熱帯雨林」（陸上の熱帯雨林の土壌も貧栄養です）といわれます。また，あるいは生き物の少ない海域の中でサンゴ礁にたくさんの種類の生物が棲んでいることから「海のオアシス」や「命のゆりかご（生まれ育つ場所）」とも呼ばれるのもうなずけることです。1本のサンゴの枝があれば，それがつくり出す空間を利用する者，サンゴの粘液を食べる者，穴を空けて住処にする者，それらを捕食する者…と，実に多くの生物たちが養われる場所となるのです。

ところで，近年の外国船による違法操業や密漁がニュースになったことから，「宝石サンゴ」が脚光を浴び，表舞台に登場する機会が多くなりました。宝石サンゴは太陽の光がほとんど届かない深い海にひっそりと棲息して神秘的なイメージがありますが，その分よくわかっていないことも多々あります。浅い海の造礁サンゴも深い海の宝石サンゴも，その形態や成長，生殖，栄養など知れば知るほど，意外と共通点が多い仲間であることがわかります。高価な宝石としてではなく，生き物としての視点から見ると見方も変わってくるかもしれません。

サンゴは長い間，研究者だけが関心を持ってきた研究対象でしたが，今やダイバーやアクアリストの関心も高くなり，浅場のサンゴ礁を造るサンゴから深場の宝石サンゴまで認知度が高くなってきました。どこにどのようなサンゴがいるのか，白化現象やオニヒトデの捕食はどれくらい拡がっているのか等，研

はじめに

究者だけでは全体を把握できません。また，閉鎖された水槽内でサンゴを長期飼育するのは，これまでかなり困難なことだとされてきましたが，アクアリストの積み上げてきた知識と技術はサンゴの飼育や研究に多いに役立ちます。

　このように関心が高まってきたことに相反して，サンゴやサンゴ礁は危機的な状況になりつつあります。時代を遡ると，1970年代のオニヒトデの大発生で多くのサンゴが食べられ，消えていったのが始まりでした。その後，オニヒトデの大発生は場所を変えて度々起きています。1998年の夏には海水温度が2℃上昇し，造礁サンゴのパートナーの褐虫藻が抜け出してサンゴが餓死する大規模白化現象が起きました。ほんの数か月で国内の造礁サンゴの8割が失われてしまいました。私が春先に調査のためにマークしていたサンゴも全て白化し，死亡して消え去りました。化石燃料を燃やして排出される二酸化炭素の引き起こす温暖化の影響を目の当たりにした年でした。その後もサンゴの白化は度々起きています。他方，産業革命以降に排出された二酸化炭素を吸収し続けた海は，次第に酸性側に傾き（海洋酸性化），サンゴに限らず貝類など石灰を作る生物への影響が懸念されています。

　さらに，サンゴの病気の問題も起きています。大規模白化現象のあった1998年，たまたま見つけたサンゴの成長異常（骨格の過成長）を調べ始めたのですが，数年後には致死性の病気が沖縄のサンゴ礁に現れました。1990年代以降，サンゴの感染症が世界中のサンゴ礁で台頭し，脅威の一つに挙げられています。本書では，サンゴの病気についての説明も加えました。世界中で細菌を主とするサンゴの感染症が増加した理由として，水温上昇に伴ったサンゴの体力低下および高温を好む細菌の活性化，また陸地からの様々な物質（懸濁物や栄養塩など）が流入していることが挙げられます。

　気候変動の影響を受けて消滅がささやかれるシンボルの一つとされるサンゴ礁は絶滅の危機にあります。海水温度が次第に上昇していることに適応すべく，サンゴは次第に北上していますが，それに伴い捕食者のオニヒトデも白化現象

はじめに

も病気も一緒に北上しているのが現実です。広大なユーラシア大陸のある北半球では北上するにつれ海の面積は狭くなり，また海洋酸性化の進行は海水温の低い北側で速いとの報告もあります。また，目の届かない深い海の底では宝石サンゴが密漁船によって刈り取られています。地球上にサンゴの逃げ場はないのかもしれません。

生物多様性が高いサンゴ礁や熱帯雨林に限らず，干潟，乾燥した草原，砂漠，寒冷な森林から氷原・氷海まで，ありとあらゆる場所に生物は棲息し，環境に適応して生き抜いています。様々な生態系において繰り広げられる生殖，競争，捕食，防御，共生や寄生など，多様で不思議な生き様を見ることや知ることはとても楽しいものです。造礁サンゴは，目玉がなく，動き回らず，茶系の地味な色合いが多いこともあり，残念ながら魚やウミウシやクラゲほど人気はありませんが，知れば知るほど奥の深い生物です。

サンゴは軟らかい小さなサンゴ虫が硬い骨格を積み上げ，複雑かつ巨大な構造物を造り上げる稀な生き物です。一口にサンゴと言っても，人によって関心のある点は異なるでしょう。動物としての挙動，サンゴに集う生物とのやりとりやせめぎ合い，魅惑的な蛍光サンゴや宝石サンゴの輝き，サンゴ礁の保全など，引き出しは数限りなくあります。本書を通してサンゴの世界を覗き見ていただき，そこから生き物の持つ能力などへの驚きや発見を体感し，知られざるサンゴの世界に関心を持っていただける一助になれば幸いです。

平成 28 年 8 月

琉球大学熱帯生物圏研究センター
教授
山城 秀之

目 次

はじめに… i
目　次… v

第1部
サンゴの基礎知識……………1

§1 サンゴの疑問 Q&A…2
Q.1 サンゴって何？
Q.2 サンゴとサンゴ礁は違うの？
Q.3 種類はどれくらいあるの？
Q.4 どこに住んでいるの？
Q.5 何を食べて生きているの？
Q.6 サンゴは食べることができるの？
Q.7 サンゴに寿命はあるの？
Q.8 サンゴが減っているってホント？
Q.9 サンゴと魚はどんな関係なの？
Q.10 サンゴは自宅で飼えるの？

§2 サンゴの生物学…5
2-1 どんな生物なのか
　　―サンゴのイロハ…5
(1) 生物の分類・サンゴという動物
(2) サンゴの仲間
コラム スナギンチャクの猛毒「パリトキシン」
(3) サンゴの大きさの限界
2-2 サンゴの本体"サンゴ虫"…9
(1) ポリプの構造
コラム 海藻のようなクラゲの仲間「イラモ」
(2) 褐虫藻は造礁サンゴのエネルギー源
(3) 刺　胞
(4) ポリプを覆う粘液は万能コスメ
(5) サンゴはメタボ
コラム サンゴとソテツの共通点

2-3 サンゴの外観と骨格…21
(1) サンゴの外観
(2) 骨格の成分と炭酸カルシウムの結晶
(3) サンゴの硬度と色
(4) 骨格のつくり

§3 サンゴの生活…27
3-1 サンゴの寿命…27
(1) サンゴの成長速度と年齢
(2) サンゴの自殺？アポトーシス
3-2 サンゴの殖え方…29
(1) 有性生殖
(2) 性転換するサンゴ
(3) 困窮で早熟，小型多産か
　　大型少産か
(4) 無性生殖
3-3 サンゴ同士の仁義なき戦い…35
(1) ポリプで直接バトル
(2) 相手を日陰者に
(3) 合体と不可侵条約？
コラム 光に向かって歩くサンゴ

目 次

第2部
サンゴの種類……………………39

§4 代表的なサンゴ…40
4-1 造礁サンゴ（ハードコーラル）…40
（1）六放サンゴ類
コラム 褐虫藻を持たないアウトロー「イボヤギ」
（2）八放サンゴ類
（3）ヒドロサンゴ類
4-2 サンゴ礁を造らないサンゴ（非造礁性サンゴ）…68
（1）軟らかく脆いサンゴ（ソフトコーラル）
（2）非造礁性の有藻サンゴ
（3）深場に棲むサンゴ
4-3 宝石サンゴ…74
（1）宝石サンゴの種類
（2）殖え方
（3）骨格と色
（4）宝石サンゴの問題
（5）価格とサンゴ漁
（6）「宝石」になるまでの加工
コラム 童話・歌とサンゴ

第3部
サンゴと多彩な生き物たち…87

§5 サンゴと共に生きる…88
（1）サンゴに集う者たち
（2）サンゴを狩場にする
（3）サンゴは小さな魚の隠れ家
（4）賄い付きマイホーム
（5）サンゴの表面にへばり付く
（6）サンゴに孔をあけて棲む

§6 サンゴを殺す生き物…97
6-1 サンゴを食う動物…97
（1）骨格ごとかじる魚たち
（2）オニヒトデはベジタリアンだった？
（3）サンゴ食の巻貝レイシガイダマシ
（4）吸血鬼？　クチムラサキサンゴヤドリ
（5）新種発見か！　ミノウミウシ

6-2 サンゴを駆逐する海藻とシアノバクテリア…103
（1）温暖化でサンゴは海藻に換わる
（2）海藻との生存競合
（3）単細胞植物のケイ藻との競合
（4）シアノバクテリア・テッポウエビ連合
コラム サンゴ礁の音色　波と天ぷら
（5）サンゴを殺す海綿　テルピオス
6-3 サンゴの病気…109
（1）拡大する病気
（2）病気の原因と対応
（3）病気の種類

目　次

第4部
サンゴ礁と地球環境……119

§7　サンゴ礁のでき方…120
7-1 サンゴ礁のベースになるもの…120
（1）サンゴ礁の型
（2）サンゴ礁の様々な地形
（3）サンゴ礁は変化していく
7-2 サンゴ礁を造る生き物…124
（1）サンゴ礁のスクラップ＆ビルド
（2）石灰岩を作る藻
（3）サンゴ礁ビーチの砂になる有孔虫

§8　人とサンゴと地球環境…129
8-1 サンゴ礁と人との関わり…129
8-2 ゆでガエル現象に
　　　　だまされるな！…130

§9　サンゴが死滅していく…131
9-1 悪夢の白化現象発生…131
（1）今も拡大しているサンゴの白化
（2）白化とはなにか
（3）白化は餓死へのカウントダウン
（4）白化しやすいサンゴ
（5）冬場の白化現象
コラム 常識はずれの記録保持者
　　　　　　　　　　　　キクメイシモドキ
9-2 グローバルな人間活動による
　　　海洋環境の劣化…138
（1）海洋の温暖化とサンゴの北上
（2）気候変動
（3）海洋酸性化

9-3 ローカルな人間活動による
　　　サンゴ礁への影響…142
（1）崩れつつある人とサンゴ礁との共生
（2）淡水流入
（3）開発による赤土流出
（4）海の富栄養化
（5）化学物質の影響

§10　サンゴとサンゴ礁を守る…146
10-1 なぜサンゴ礁を守らなければ
　　　　ならないのか…146
（1）危険な場所だったサンゴ礁
（2）サンゴ礁の魅力と経済効果
10-2 サンゴ礁の保全…148
（1）活発化してきた保全活動
（2）サンゴの採集を規制する
（3）オニヒトデの駆除
（4）期待されるサンゴの移植・再生

§11　サンゴを飼育する…153
（1）サンゴは夜開く
　　　─動物プランクトンが餌の決め手
（2）ダイバーやアクアリストから学ぶ
コラム 緑色に光る蛍光サンゴ

あとがき…159
参考資料…160
索　　引…161

第 1 部　サンゴの基礎知識

第1部　サンゴの基礎知識

§1　サンゴの疑問 Q&A

Q.1　サンゴって何？

answer

動き回らないので植物と思われていることもあるサンゴですが，イソギンチャクやクラゲに近い「刺胞動物」です。木の枝のように見える骨格は石灰で作られていて，その中にイソギンチャクを単純にしたような形の触手をもったポリプがあります。その触手で動物プランクトンなどを捕えて食べる「肉食」系なのです。

Q.2　サンゴとサンゴ礁は違うの？

answer

サンゴ礁は火山岩などでできた岩礁や貝殻など生物の遺骸が積み重なった浅い海に，サンゴの骨格や貝，ウニ，石灰藻，星砂（有孔虫）などの生物が死んだ後に残した石灰の殻が積み上がり，つながってできた構造物です。生物としてのサンゴではありません。サンゴ礁を造るサンゴを「造礁サンゴ」と呼びます。

Q.3　種類はどれくらいあるの？

answer

造礁サンゴにはインド洋から太平洋にかけて約80属500種類のサンゴがいます。日本の海には約40属400種類がおり，世界的にもインドネシア周辺に次いで，たくさんの種類を見ることができます。大西洋のサンゴや褐虫藻を持たずサンゴ礁を造らない種や宝石サンゴを含めると，その数はさらに多くなります。

Q.4 どこに住んでいるの？

answer

浅い海のサンゴは体の中に共生している「褐虫藻」という小さな藻の光合成でできた栄養分に頼って生活をしているので，太陽光線が十分に当たり，水温が 18 〜 30°という褐虫藻が好む環境が必須なので，暖かく浅い海に住んでいます。褐虫藻に依存しない宝石サンゴなどは，ほとんど光の届かない深い海に分布しています。

Q.5 何を食べて生きているの？

answer

浅い海のサンゴは共生している褐虫藻の光合成によって作られた糖分のエネルギーに依存していますが，夜になると触手を拡げて動物プランクトンを捕まえて食べることもします。宝石サンゴは，動物プランクトンや浅い海から降ってくる有機物（プランクトンの死骸など，マリンスノー）を広げた触手で捉えて食べています。

Q.6 サンゴは食べることができるの？

answer

イソギンチャクを食べる地域はありますが，サンゴは軟らかいポリプの部分が収縮して硬い骨格の穴に入り込むので，食べることはまずできません。試しにすすってみたことがありますが，磯くさくて苦い味でした。サンゴは刺胞や尖って硬い骨格を持つのでかぶれたり出血する危険があります。まねはしないようにお願いします。

Q.7 サンゴに寿命はあるの？

answer

サンゴは受精卵がプラヌラ幼生となって海を漂い，固い基盤に定着してポリプとなって骨格を作ります。ポリプは分裂して数を増やして，私たちがサンゴとして目にする群体となります。ある程度の大きさになると成長が止まり，死亡します。数年程度の短い寿命のものから，

大きな群体となって数千年も生きる種もいます。

Q.8 サンゴが減っているってホント？

answer

造礁サンゴは天敵のオニヒトデやサンゴ食巻貝のシロレイシガイダマシによる捕食，海水温上昇によって褐虫藻が逃げ出しサンゴが栄養失調で死んでしまう「白化現象」，サンゴの病気の蔓延，陸から流入する土壌粒子や化学物質などによって世界中の海で減っています。高価な宝石サンゴも無秩序な漁によって激減しています。

Q.9 サンゴと魚はどんな関係なの？

answer

サンゴの枝の隙間やサンゴ礁は小さな魚たちの住み家や避難場所になっていて，褐虫藻がもたらす栄養分は様々な生物の生きる糧となっています。サンゴ礁は多くの生物にとって「命のゆりかご」であり，「海のオアシス」でもあるのです。また，サンゴ礁は天然の防波堤に，サンゴの骨格が砕けた砂は美しく白い砂浜となるのです。

Q.10 サンゴは自宅で飼えるの？

answer

繊細なサンゴの飼育には温度，光，栄養塩などの厳しい管理が必須なため非常に難しく，サンゴを展示する水族館もあまりありませんでした。現在では多くのアクアリストの努力の積み重ねと飼育機材・材料の充実もあって，自宅で飼育する方が増えてきました。専門店やマニュアル本もあるので，挑戦してみてはいかがでしょうか。ただし，サンゴの採取は禁止されているので，専門店から購入する必要があります。

§2 サンゴの生物学

2-1 どんな生物なのか―サンゴのイロハ

　サンゴは昔，植物の仲間と考えられていた時代もありました。今はイソギンチャクに近い動物ということはよく知られていますが，陸上植物のように動かず，そして枝分かれしたサンゴには植物的な形をしているものもあります。

　構造物としてのサンゴ礁の形成に関わるサンゴ類を総称して，一般的に「造礁サンゴ類」と呼びます。造礁サンゴの成長が速いのは，体の組織の内部に褐虫藻と呼ばれる単細胞の共生藻を住まわせて，その光合成産物（糖類）を動物のサンゴがもらっているからです。しかし，褐虫藻を持ちながらもサンゴ礁が発達しない北の海やサンゴ礁から離れた深場で棲息する種類もあり，これらを「有藻サンゴ類」とくくって呼ぶこともあります。

(1) 生物の分類・サンゴという動物

　そもそもサンゴはどのような動物か？　生物の分類という大きな分け方をすると動物の仲間です（図2-1-1）。サンゴと関係のない，細菌，植物，菌類，原生生物なども示しましたが，これらはサンゴと無関係ではなく全てつながりがあります。例えばサンゴのパートナーの褐虫藻（渦鞭毛藻類）や，サンゴの健康や病気に関与する細菌やカビ，海藻は植物でサンゴ礁ではあまり目立ちませんがサンゴと競合関係にあります。原核生物は原核細胞（遺伝子が細胞内に散在）からなり，36億年前に誕生しました。真核生物は遺伝子を核膜の中に収納してそこから指令を出しています。

(2) サンゴの仲間

　サンゴを分けるとき困るのが，1）生物学的な分類によるのか，2）サンゴ礁を造るいわゆる造礁サンゴとサンゴ礁を造らない非造礁サンゴで区別するのか，3）硬いサンゴ（ハードコーラル）か軟らかいサンゴ（ソフトコーラル）なのか，によって当てはまるサンゴがそれぞれ違ってくることです。

　例えば，硬い骨格の宝石サンゴと造礁サンゴは分類上も棲むところもまったく違いますし，骨格のでき方がそもそも異なります。そのため説明がややこし

第1部　サンゴの基礎知識

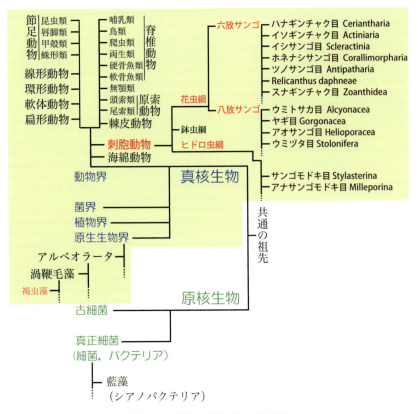

図 2-1-1　生物の分類とサンゴの位置

く，分かりにくくなってしまいがちです。分類上の位置がわかれば，説明も分かるようになりますし，これらが似て非なる分類群だということがご理解いただけるかと思います。

また，造礁サンゴ類も生物学的な分類を越えた集まりです。六放サンゴ亜綱のイシサンゴ類（イシサンゴ目）が主要なメンバーです（図 2-1-2）。

① 六放サンゴ

イソギンチャク目とサンゴ礁を造る生物の代表であるイシサンゴ目は，六放サンゴ亜綱に含まれます。イソギンチャクには骨格がありませんが分類上はイシサンゴに近い仲間です。イシサンゴ目にはハナヤサイサンゴ科，ミドリイシ科，キクメイシ科などの多くの科があります。

§2 サンゴの生物学

刺胞動物の分類

- 鉢虫綱
  - ミズクラゲ
  - エチゼンクラゲ
  - タコクラゲ
  - イラモ

- ヒドロ虫綱
  - ベニクラゲ
  - カツオノエボシ
  - カヤ類
  - ヒドロサンゴ類

- 花虫綱　（あられ石骨格・細胞外石灰化）
  - 六放サンゴ亜綱
    - イソギンチャク類　軟
    - イシサンゴ類　硬

  （主に方解石骨格・細胞内石灰化）
  - 八放サンゴ亜綱
    - ソフトコーラル類
    - アオサンゴ・クダサンゴ　軟
    - 宝石サンゴ類　硬

造礁サンゴ類
サンゴ礁の形成に寄与する褐虫藻を持つサンゴ（有藻サンゴ）

褐虫藻を持たないサンゴもいる
イボヤギ，サンゴモドキ他

図2-1-2　サンゴ礁をつくるサンゴ（青字）

CORAL ＊ COLUMN　　　　　　　　　　　コーラル＊コラム

スナギンチャクの猛毒「パリトキシン」

　スナギンチャク（砂巾着）はイソギンチャクの仲間で，外から体内に砂を取り込む変わり者です。たくさんの砂がびっしり入っているため，触った感触はかなり硬いです。

　地味で目立たないスナギンチャクが一躍有名になったのは，猛毒パリトキシン（Palytoxin）を持つことでした。パリトキシンの分子は巨大なため，その化学構造決定には大変な労苦があったようです。

　その昔，ハワイの原住民はパリトキシンを矢毒として使用していましたが，何から作られるのか呪術的な理由から秘密とされてきました。しかし，ハワイ大学の海洋研究所の研究者がその掟を破りスナギンチャクを採取したのです。その祟りによって，その研究所は原因不明の火事に見舞われたと伝えられています。

　スナギンチャクはサンゴ礁域ではあまり目立たない存在ですが，琉球大学のライマー研究室によって多くの新種が発見され，表舞台に登場することも多くなってきました。

　ちなみに日本国内のスナギンチャクに猛毒化するものは無いようですが，パリトキシンを含む魚を食べて中毒になる事例がたまに起きています。

② 八放サンゴ

　宝石サンゴ類は八放サンゴ亜綱の一群です。宝石サンゴは硬い骨格を持ちますが軟らかいソフトコーラルと同じ八放サンゴの仲間です。宝石サンゴはヤギ目サンゴ科に属し，日本では水深 100m 以上の深い海に棲息し，硬い骨格を作るのでそれを研磨して利用します。

　八放サンゴにはヤギ目，ウミトサカ目，アオサンゴ目などがあり，ヤギ目のイソバナ類やヒラヤギ類は浅い海に棲息し，見た目は宝石サンゴそっくりですが，乾燥すると外側がぼろぼろになって剥がれ落ちてしまい拍子抜けします。アオサンゴやクダサンゴは造礁サンゴの一種です。

　サンゴ礁域でよく見られるトゲトサカ *Dendro nephthya*，ウミアザミ *Xenia* などのソフトコーラルは名前のとおり触るとクネクネして軟らかいものの，内部には無数の骨片を持っています。ソフトコーラルは死ぬと全体がくずれて元の姿形はなくなり，骨片もバラバラになり砂の一部になります。

③ ヒドロサンゴ

　ヒドロ虫綱は，クラゲ世代とポリプ世代を持ち，不老不死のベニクラゲや猛毒クラゲのカツオノエボシはその代表です。ポリプ世代は岩の上等に付着しています。成熟したポリプは有性生殖のためにクラゲを作り，海中に放ちます。

　ヒドロサンゴはポリプが無性生殖を繰り返しながら石灰を沈着するので，イシサンゴのように大きな群体となります。そして夏の生殖時期には 2mm くらいの微少なオスまたはメスクラゲが生殖のために泳ぎ出します。ヒドロサンゴは褐虫藻を持ち，大きな骨格を作るのでサンゴ礁の形成に寄与します。通常の六放や八放サンゴに比べると刺胞毒が強力で，火焰サンゴあるいはファイヤーコーラルと呼ばれます。

(3) サンゴの大きさの限界

　サンゴは群体でみると齢とともに次第に大きくなりますが，限界を持つ種があります。群体のサイズが数センチメートルにしかならないムカシサンゴなどが最小と考えられます。

　サンゴ単体（ポリプ）が大きくなる限界は，いろいろな大きさの個体のサイズを測り，一定時間後に再度測定することで計算できます。他の生物でも同様ですが大きな個体ほど成長は鈍化していきます。小さいものでは，1cm 未満で成熟して成長限界に達するチョウジガイ科やクサビライシ科のサンゴが挙げられます。以前，クサビライシ科のワレクサビライシを用いて理論上の最大成

長サイズを推定したことがあり，成長限界サイズは 1.7cm でした。単体のサンゴは小さいイメージがあるかもしれませんが，クサビライシの仲間で 1m 近くまで成長する非常に大型の種もあります。

2-2 サンゴの本体 "サンゴ虫"

(1) ポリプの構造

　刺胞動物の体は単純な二層構造で，サンゴも外側の外胚葉[*1]と内側の内胚葉の2枚の細胞層から作られています。この二層は中膠（ちゅうこう）というゼリー質の組織で貼り合わされています（図 2-2-1）。口から海水が取り込まれ，胃腔の中

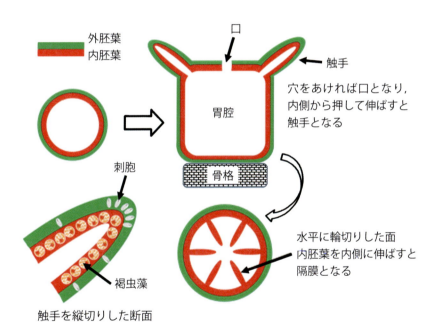

図 2-2-1　サンゴのポリプの模式図。2つの皮（内胚葉と外胚葉）でできた動物。

---

*1　胚葉
サンゴ，ウニ，ヒト…いずれも1個の受精卵から発生がスタートします。受精卵は，細胞分裂を繰り返して中空のボール状の嚢胚（のうはい）段階になると，表面の細胞の一部が陥入して2枚の手袋を重ねた状態になります。外側を外胚葉，内側を内胚葉と呼び，サンゴやイソギンチャクなどの刺胞動物は，2つの細胞層で体が構成される二胚葉生物です。ウニやヒトではさらに中胚葉ができ，より複雑な組織や器官を作ります（三胚葉）。

第1部　サンゴの基礎知識

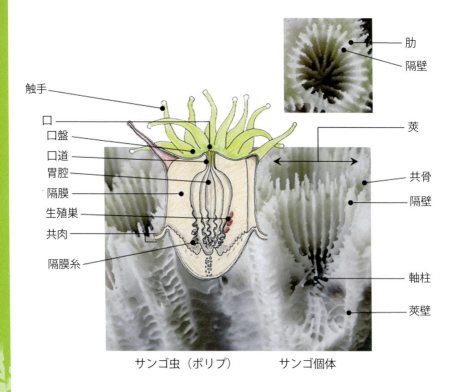

図 2-2-2　サンゴ虫（ポリプ）と骨格（サンゴ個体）の模式図。
（西平・Veron, 1995を参考にして描画）

や触手の中を循環します。
　サンゴに共生している褐虫藻は内胚葉に分布します。
　ポリプの内側にある内胚葉の隔膜は，仕切りカーテンのように放射状に配置し，その内側先端には小腸のような紐状の隔膜糸が発達し，消化吸収の役割を持っています。生殖巣は隔膜の中に作られます。
　ポリプの下側の外胚葉は炭酸カルシウムを沈着する造骨細胞の機能を持ち，炭酸イオンとカルシウムイオンを運んで細胞層の下側に炭酸カルシウムの骨格を形成します。

§2　サンゴの生物学

図 2-2-3　サンゴを縦に割ったもの（アザミサンゴ）。右は親群体から単離して 2 か月後の
　　　　ポリプ，側面に子ポリプが出芽している。

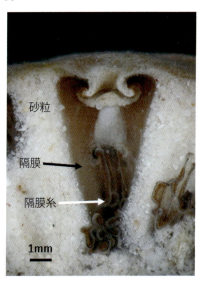

図 2-2-4　（左）スナギンチャクのポリプが開いた状態，（右）収縮したポリプを縦に切っ
　　　　たもの。

11

CORAL * COLUMN　　　　コーラル＊コラム

海藻のようなクラゲの仲間「イラモ」

　イラクサ（刺草）やイラガ（刺蛾）のように名前に"イラ"がつくと有害な生物となります。本州ではアンドンクラゲをイラと称することもあります。

　海で作業をしている時に，イラモ（苛藻）に触れて痛い目にあうことが度々あります。海底の岩の上や窪みに棲息し，こぶし大の大きさで，見た目は海藻ですが，れっきとした鉢クラゲの仲間です。出芽によって枝分かれした茶褐色で，半透明な鞘の中にポリプがあり，伸びている時は朝顔のような白いポリプを見ることができます。刺されると電気刺激のようなピリピリする痛みがあり，その後赤く腫れ，ミミズ腫れとなり水疱ができます。痛がゆく，治るまで1週間以上要するのでイライラする日々を送ることになります。もし刺されたら皮膚科に行ってクラゲ用の軟膏（ステロイド系）を処方してもらいましょう。

　刺胞はレモンに近い形が特徴的です。鉢クラゲの仲間なので，ポリプ世代だけではなくクラゲ世代もあります。クラゲは1mm以下と極小で有性生殖のためだけに放たれます。褐虫藻やGFP様蛍光色素を持っており，サンゴと共通する点も多いのですが，あまり近づきたくない生物の一つです。

刺胞

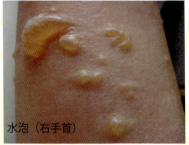

水泡（右手首）

（2）褐虫藻は造礁サンゴのエネルギー源

「褐虫藻」は単細胞の藻類で渦鞭毛藻類に属するものの総称で，英語ではゾーザンテラ zooxanthella と呼ばれます。通常の葉緑素（クロロフィル a,c）以外にペリジニン（カロテノイド）色素を持つため褐色を呈します。そのため褐虫藻を大量に持つ造礁サンゴ（有藻サンゴ）の色は褐色系が多くなります（図2-2-5）。褐虫藻の大きさは直径約 10μm（1mm の 100 分の 1。赤血球とほぼ同じ大きさ）で宿主の細胞内では球形，自由生活をする際は中央がややくびれた楕円形となり運動用の鞭毛を持ち，また鎧をまとう形にトランスフォームします。サンゴを始め，同じ刺胞動物のタコクラゲやサカサクラゲなどのクラゲ類やイソギンチャク類，軟体動物ではシャコガイやリュウキュウアオイ（通称ハート貝），無腸類（扁形動物）など様々な海産無脊椎動物の細胞内あるいは細胞外に共生します。

以前は，褐虫藻は小さく形態的特徴で分けることが難しいこともあり，1 種類（*Symbiodinium*）のみと考えられていましたが，DNA 解析の結果，現在は

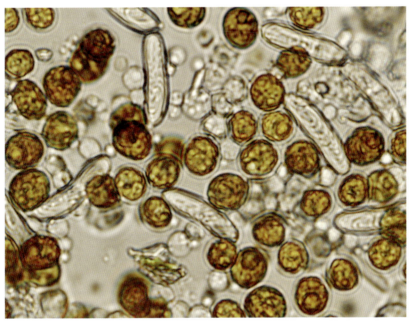

図 2-2-5　アザミサンゴのポリプをすり潰したもの。褐色の褐虫藻と透明の刺胞（未射出）がある。褐虫藻の直径は約 0.01mm（10μm）。

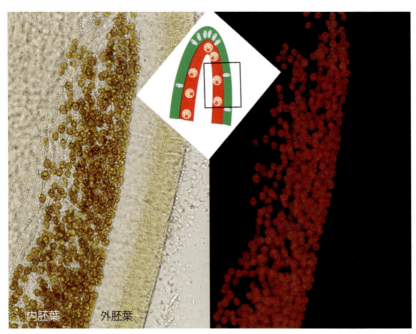

図 2-2-6　触手を押しつぶしたもの。外側には刺胞がつまった外胚葉が，内側には褐虫藻がつまった内胚葉がある。（右）紫外線を当てると褐虫藻のクロロフィルの自家蛍光（赤）が観察できる。

9つの種類（クレード clade と呼びます，clade-A, B, C, D, E-----I）に分かれ，それぞれが宿主と特異的な共生関係を持っていることが報告されています。例えば，タイプCを持つサンゴは多いが白化しやすく，タイプDは高水温に強いが光合成能力は低いなど，それぞれに特徴があります。クレードはさらにタイプに分かれ（例えばA-1等），約100タイプもあることがわかっています。また，卵の時に親のポリプの褐虫藻をもらう場合（垂直伝播）や，プラヌラ幼生の時に周りの海水中を漂っている自由生活の様々な褐虫藻を取り込み，次第に選別していくもの（水平伝播）があります。

　褐虫藻と宿主のサンゴの間では嗜好性あるいは競い合いがあるようです。多くの海産無脊椎動物といろいろな褐虫藻の間で共生関係が成り立っているということは，動物の分類群を越えて同じような共生関係が独自に進化してきたということであり，それだけお互いが利用し合う相利共生が利益になるということです。単細胞藻類との共生は褐虫藻に限らず，原生動物の有孔虫（アメーバの仲間）ではケイ藻が，海綿動物やホヤではシアノバクテリアが共生すること

§2 サンゴの生物学

が知られています。

　どれくらいの数の褐虫藻がサンゴに棲んでいるのかというと、サンゴ1cm²（1cm×1cm）に数百万個という膨大な数です。どうやって数えるのか？　数を数える手順の最初は、サンゴの組織を硬い骨格から分離することです。一定の面積のサンゴを骨格ごとすり潰す方法、高圧洗浄機のように勢いよく海水を吹きつける方法、微量の海水と高圧空気で吹き飛ばす方法などがあります。得られたどろどろのサンゴ組織液を遠心分離機で回すと重たい褐虫藻が沈殿します。一定量の海水を加えて撹拌後に血球計算盤という器具に流し込んで顕微鏡で褐虫藻の数を数え、最後に逆算して全体の数を算出します。

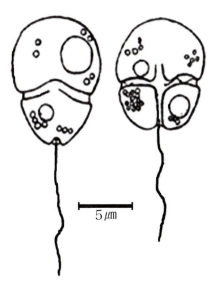

図2-2-7　遊泳型の褐虫藻。サンゴの体内にある褐虫藻が渦鞭毛藻類であることを明らかにした川口博士の業績は偉大である。(Kawaguti, 1944)

これはヒトの血液検査で赤血球や白血球の数を数えるのと同じ手法です。

　褐虫藻は顕微鏡下で茶色の丸い粒なので、多少混在する透明なサンゴの細胞とすぐに区別がつき数えやすく、また同じ視野内には刺胞動物を特徴づける刺胞も多少ありますが、刺胞は透明で細長いため、容易に区別がつきます。

(3) 刺　胞

　クラゲ、サンゴ、イソギンチャクなど刺胞動物だけが持つ攻撃用の細胞にはいくつもの種類があり、サンゴでの種類によって装填している刺胞のタイプが異なります。刺胞は外界と接する体表の外胚葉に多く、内胚葉の細胞層にもいくらか存在しています。刺胞は特に触手先端に密集し、攻撃あるいは防御のため無数に装填されています。

　刺胞には様々なタイプがあり、楕円から長楕円、あるいは球形に近いものもあり、長さや太さも様々で、サンゴの種類によって組成も異なります。また、突き刺すだけでなく、絡めながら刺したり、あるいは粘着性をもったタイプの刺胞もあります。刺胞細胞は、外部から刺激を受けると内側にコイル状にたたみ込まれていた管状の刺糸が反転しながら瞬時に飛び出します。すなわち、鉄

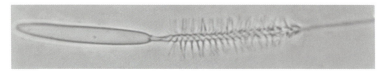

図 2-2-8　アザミサンゴの刺胞（発射後）。刺糸の根元側はブラシ状となっている。

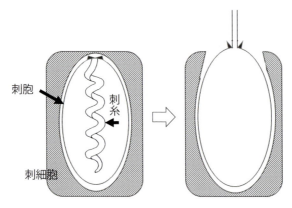

図 2-2-9　刺胞の射出の模式図。刺胞は，刺胞細胞の中にある細胞内器官。刺激を受けると折りたたまれていた刺糸が反転しながら飛び出して相手を攻撃する。

　砲の弾あるいは矢のようなものが飛んでいくのではなく，靴下あるいは袖のようなカバーを裏返しながら飛び出していくイメージです。裏地に毒があればそれが刺糸の表面に出てきます。クラゲに刺されて痛いのはこの毒のせいです（図2-2-8，2-2-9）。

　刺胞表面には種によって毒性の強弱はありますが，タンパク質他の毒を持っています。褐虫藻の直径と刺胞の幅は同じくらいでとても小さいのですが，多数打ち込まれると痛い目にあいます。特にハブクラゲの刺胞はとても強力でヒトでも死に至ることもあります。サンゴは刺胞で外敵から守られていますが，サンゴの表面に棲み着いて這い回っている生き物達はサンゴ刺胞の攻撃を受けません。イソギンチャクの刺胞に刺されないクマノミのように発射させない裏技を持っているはずです。

　刺胞はサンゴ表面に一様に分布しているのではなく，内側の細胞層（内胚葉）には少なく，外敵と直接やりあう表面側の細胞層（外胚葉）には多く，特に他の生物に最初に触れる触手の先端にはびっしり装填されていて，刺胞の塊で白く濁って見えるほどです。

(4) ポリプを覆う粘液は万能コスメ

多くの生物が表面から粘液を分泌しています。ヒトでも外気と細胞が直接触れる鼻腔や気管支では粘液が細胞を守り，ゴミやバイ菌などをからめて鼻水や痰(たん)として体外に排出します。粘液は透明で糖を多量に含む糖タンパク質（ムチン）からなり，サンゴでは表面にある粘液細胞から分泌され様々な役割を担っています。乾燥や紫外線などの環境ストレスへの対応，表面の懸濁物をはらい落とす掃除の役目，捕まえた餌を繊毛と一緒になって口まで運ぶ役割などがあります。

① 乾燥から身を守る

浅い場所のサンゴは大潮の干潮時に海面の上に出てしまうことがあります。その際には粘液を多量に放出し乾燥から身を守ります。干出時には乾燥だけでなく，雨に打たれるリスクもあります。その際も粘液が内側の軟組織を守ります。干出する場所の浅瀬まで生息域を拡げたサンゴの場合，次の潮が来て海水に浸るまで数時間も持ちこたえることができる種類もいます。

② 日焼け止め

波長の短い紫外線はエネルギーが大きく生物の遺伝子やタンパク質に傷をつけるので有害です。サンゴの粘液には紫外線を吸収する物質が含まれ日焼け止めクリームのごとく内側のサンゴの細胞を守ります。

③ 洗顔シート

海水中には微細なゴミや細菌が無数にありサンゴ表面に降り積もりあるいは細菌類は繁殖します。これらを絡めとって汚れを落とすのも粘液です。粘液は一般的に水を多く含んだぬるぬるした物質ですが，中には粘液を変化させた膜状（シート状）のものを作る種類もあり，粘液シートを時々剥がすことで汚れを落とすタイプのサンゴもあります。塊状ハマサンゴやソフトコーラルのウネタケでは比較的よく観察されます。

④ 食物＆残滓を運ぶベルトコンベア

サンゴが動物プランクトンや有機懸濁物の餌を口に運ぶ際には，無数の繊毛とその上に乗る粘液とが一緒になってベルトコンベアのように少しずつ運ばれます。サンゴの場合，出入り口は一つなので消化できなかったりあるいは食べられないものは，繊毛を逆向きに動かして外に出します。後者の場合，ヒトの

粘膜と同じように異物を痰や鼻水にして外に出す動きと同じです。

　このようにサンゴにとって重要な役割を持つ粘液ですが，体表全面から分泌して常に表面を洗い流すのはもったいないと考えられますが，それだけ重要な働きをしています。サンゴが生産する物質の 10 〜 60％ が粘液生産に投資されているとの報告もあります。そしてサンゴから離れた粘液は分解したり他の物質と結合したりしながら，多くの生物の餌となってサンゴ礁の生命を支え，食物連鎖の重要な役割を担っています。

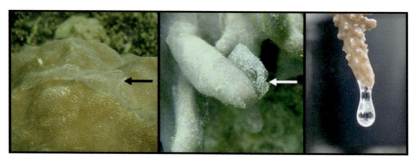

図 2-2-10　剥離中の粘液シート（矢印）：（左）ハマサンゴ，（中央）ソフトコーラルのフトウネタケ。
　　　　　粘液：（右）海水から取り出ししばらく放置したエダミドリイシの枝からしずく状となり垂れる粘液。

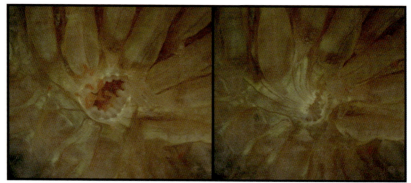

図 2-2-11　（左）動物プランクトン（アルテミアの幼生）を食べるクサビライシ。刺胞を打ち込んで捕らえ，繊毛と粘液でベルトコンベアのように口まで運ぶ。
　　　　　（右）飲み込んだ後，口を閉じている様子。食べられない泥や消化不良のものは繊毛を逆向きに動かして運び口から吐き出す。

（5）サンゴはメタボ

　ヒトはエネルギー源を糖（グリコーゲン）と脂肪で蓄えています。いつも食事にありつけるとは限らなかった祖先の飢餓対策とも言え，食べられる時に余剰のエネルギーを糖や脂肪として体に蓄えました。今はその機能が災いし，食べ過ぎて脂肪がたまり，動脈硬化や狭心症など寿命を縮める要因の一つとなっています。

　サンゴではどうでしょう。クラゲ同様体のほとんどを水分が占めていますが，水分を除いた乾燥重量あたりに占める脂肪の割合は数十パーセントもあります。エネルギーは糖ではなく脂肪の形でのみ貯蔵しています。ここでは全体を脂肪，個々の組成を脂質と呼びます。

　サンゴが飢餓状態になった時は，貯蔵脂質と呼ばれるワックスとトリアシルグリセロールを分解して代謝を維持します。ワックスはいわゆる蝋です。トリアシルグリセロールはいわゆる中性脂肪のことで，ヒトが太る時の本体です。中性だからといって酸性やアルカリ性があるわけではなく，少し難しい表現ですが極性脂質（例：リン脂質）と非極性脂質（例：ワックスエステル）の中間の脂質という意味です。

図 2-2-12　コカメノコキクメイシから有機溶媒で抽出した脂肪を薄層クロマトグラフィーで分離しそれぞれの脂質に分けたもの（一部，脂質の記載を省略）。ワックスとトリアシルグリセロール（中性脂肪）がサンゴのエネルギー源となる貯蔵脂質。白化や病気になると貯蔵脂質が激減する。

　サンゴは褐虫藻の光合成によって得られた炭水化物（ブドウ糖）から脂質を合成し，また動物プランクトンを食べて消化吸収し，脂肪として蓄えます。サンゴにとって脂肪は重要で，代謝を維持するだけでなく特に生殖時期には卵の成長に投資します。放卵後の卵は海水よりも軽い比重のため海面に浮くことになり，そこで他のサンゴ群体からの精子と出会い，受精後に幼生となるまで海流にのって拡散します。そして幼生が新天地を見つけてポリプを作るまで，色々な場面で脂肪はエネルギー供給のもととなります。サンゴは割合で言えば脂肪分に富むメタボな生物ですが，ヒトとは異なり飽食して無駄にため込むことはありません。

CORAL ＊ COLUMN　　　　　　　　　　　コーラル＊コラム

サンゴとソテツの共通点

　サンゴとソテツはどちらも南の海と陸をイメージさせる生物です。その共通点をソテツ側から探ってみましょう。

　ソテツはイチョウと同じ裸子植物です。ソテツの種にはサイカシンという猛毒があり，食べると命を落とすこともあります。「ソテツ地獄」という言葉があります。飢饉の際にソテツの実の毒（水溶性）を何度も何日も洗って取り除き，そのデンプンを食べ飢えをしのいだというものです。

　他の植物が生きていけない痩せた乾燥した土地でも生育するソテツ，そのような貧栄養の環境でソテツがいかに栄養として必要な窒素源を獲得したのか。それは土壌細菌との相利共生によるものです。アナベーナ *Anabaena* というシアノバクテリア（ラン藻）が発根した後のソテツの根に入り込み，住処を得ます。一方アナベーナは大気中の窒素を固定でき，その栄養を宿主のソテツに供給します。サンゴと褐虫藻のようなお互い利益のある相利共生関係を成立させることによって，貧栄養の環境で多くの光合成産物を生産し種に大量のデンプンも蓄えることができます。

　アナベーナはソテツの全ての根に分布しているわけではなく，光合成に光が必要なので地表近くの浅い場所に見られます。その箇所では根が変形しているのでアナベーナの入っている根かどうかわかります。ちなみにこの根をその形から「サンゴ根」と呼びます。

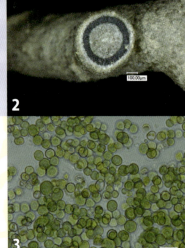

1. ソテツのサンゴ根
2. サンゴの根の断面
3. アナベーナ

§2 サンゴの生物学

2-3 サンゴの外観と骨格

(1) サンゴの外観

サンゴは1匹のプラヌラ幼生が定着・変態してポリプとなって骨格を作り始め，その後その多くが無性生殖でポリプを増やし，入れ物としての骨格（サンゴ個体）も増やしていきます。ポリプの大きさや無性生殖の方法そして成長方向などによって，群体になるサンゴの形（成長形）は様々です。横に拡がっていくもの，枝状になって上へ伸びるもの，それぞれの枝分かれなどのタイミングによって千差万別の形となり，この群体の形が同定の決め手の一つにもなります。クラビライシ類のように群体にならずに1個のポリプで単体のまま大きくなる種類もいます。

(2) 骨格の成分と炭酸カルシウムの結晶
① 成 分

サンゴの骨格は主に炭酸カルシウム（$CaCO_3$；いわゆる石灰）です。見た目の形や色だけでなく，組成や作られ方なども単純ではありません。造礁サンゴの骨格の成分には炭酸カルシウム以外にもストロンチウムやマグネシウムその他微量元素を含んでいます。海水中には3.4％の塩がありますが，内訳は塩化ナトリウムが77.9％，塩化マグネシウムが9.6％，硫酸マグネシウムが6.1％，硫酸カルシウムが4％，塩化カリウムが2.1％となっています。またストロンチウムはカルシウムの50分の1ほどです。

近年の精密測定技術（加速器質量分析装置や放射光施設）の発展によって，微量元素の割合などからサンゴの成長と環境変化が数日単位で測れるようになってきました。また，深海の宝石サンゴに含まれる微量の元素を詳細に調べたところ，バリウムとカドミウムが産地や種の特定に役立ちそうだということもわかってきました（長谷川他,2010）。

② 炭酸カルシウムの結晶

炭酸カルシウムにはいくつもの結晶形があります。その代表は方解石（カルサイト）[*2]とあられ石（霰石，アラゴナイト）[*3]です。六放サンゴのイシサンゴ，八放サンゴのアオサンゴ，ヒドロサンゴのアナサンゴモドキの骨格はあられ石の結晶からできています。また，宝石サンゴ，ソフトコーラル，有孔虫などは方解石の骨格や骨片を持っているものが多いです。

第1部 サンゴの基礎知識

1匹のサンゴ虫（ポリプ）が骨格の入れ物（サンゴ個体）を作り，無性生殖の繰り返しによって殖えていくが，でき上がった群体の形は様々だ。その理由は，殖え方（出芽・分裂），隣りあうサンゴ個体同士のつながり方（個々に独立するか，横一列に並んで長い谷状に配列するかなど）によって多くの組み合わせができるためと考えられる。

1. プロコイド型：サンゴ個体は独立して離れ，その間は共同骨格（共骨）でつながる。個々のお菓子を詰め合わせて並べたイメージ。

2. セリオイド型：隣りあうサンゴ個体同士が，境界の骨格あるいは莢壁（きょうへき）を共有する。ワッフルのような形。

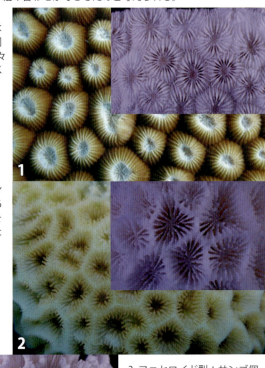

3. ファセロイド型：サンゴ個体がプロコイド型よりも，より離れて立ち上がっている。柄があるユリの花のようなつながり。

4. メアンドロイド型：サンゴ個体が列をなして配列し，莢壁を共有するため，脳みそのような印象。

§2 サンゴの生物学

5. フラベローメアンドロイド型：メアンドロイド型のように萊壁を共有しないので深い隙間がある。花が複数あるイメージで，ブロッコリー型。

6. ハイドノフォロイド型：肋（ろく）が発達してまとまり瘤状になる。このようなレモンのしぼり器あるいはソフトクリームのような突起を持つのが特徴。

7. サムナステロイド型：萊壁がなく連続して配列するため，サンゴ個体の境界は明瞭ではなく流れるような模様となることが多い。

図 2-3-1　サンゴの形はサンゴ個体のつながり方や配置などによって色々な型に分かれる。なお，各写真の右上の画像は LED 照明で撮影したサンゴの骨格写真。サンゴの組織の下に隠れている骨格の特徴がよくわかる。

第1部　サンゴの基礎知識

図 2-3-2　サンゴの成長形の代表例。様々な形が多様な空間を作りだしている。
　1. 樹枝状。2. 塊乗。3. テーブル状。4. 被覆状。5. 葉状。6. 自由生活。7. 指状。
　8. コリンボース状。9. 柱状。

　生物によって異なる結晶を作るのは，それらの生物が出現した時代の海の化学組成に理由があるのです。マグネシウムの割合が多かった時代をアラゴナイトの海，少なかった時代をカルサイトの海と呼ぶことがあります。現在はアラゴナイトの海ですが，はるか昔に獲得した骨格の作り方は，時代や環境が変わっても変化しないということかもしれません。

---

*2　方解石（カルサイト）
三斜晶系の結晶で箱を少し押しつぶした形状。方解石の炭酸カルシウム骨格を作る生物は海水中に含まれるマグネシウムをカルシウムと一緒に取り込むことがあります。生きているサンゴの骨格はあられ石ですが，既に絶滅したイシサンゴの仲間に方解石の骨格を持つものがみつかりサイエンス誌に掲載されました。同じ化学組成でも結晶の形が違うということは，環境と生物との関係を調べる研究の世界では大きな関心事になるのです。

*3　あられ石（アラゴナイト）
斜方晶系の結晶でストロンチウムを含むことがあります。南太平洋マーシャル諸島のビキニ環礁などで原水爆実験が何回か行われた時代がありました。近辺に生息していたサンゴ

の骨格からは蓄積された放射性ストロンチウムが縞状に検出され，負の記憶が記録されていることがわかっています。

(3) サンゴの硬度と色

宝石の条件には①美しさ，②希少性，③耐久性の3つがあります。鉱物の硬さはモース硬度で表され，最も硬いダイヤモンドが10，ガラスが5です。宝石サンゴは3.5と真珠と同様に軟らかく傷がつきやすいのですが，その美しさから，生物が作り出す宝石として扱われています。硬度がサンゴ（3.5）というのも偶然の一致ですが覚えやすいと思います。造礁サンゴの硬度も3.5ですが，宝石サンゴほど緻密ではないので磨いても輝きません。

南の海といえば真っ白なサンゴ礁を想像する方も多いかと思います。主要な造礁サンゴである六放サンゴ類は海水中のカルシウムイオンなどが，内胚葉と外胚葉（造骨細胞層）の細胞や細胞間を通過してから，細胞の外に濃縮されて石灰を沈殿させるので，不純物の少ない白い炭酸カルシウムの骨格となります。

宝石サンゴが属している八放サンゴは六放サンゴが骨格を作るのとは異なり，細胞の中で色々な有機物も混ぜて骨片を作るので色付きの骨格となることがあります。赤，桃，黒，青，紫色などカラーバリエーションに富んでいます。アオサンゴの場合はビリン系色素のヘリオポロビリン，アカサンゴではカロチノイド系のカンタキサンチンという色素が同定されています。

(4) 骨格のつくり

サンゴの骨格は炭酸カルシウム（$CaCO_3$）なので，海水中のカルシウムイオン（Ca^{2+}）と炭酸イオン（CO_3^{2-}）とが結合すればすぐにできそうですが，そんなに簡単ではありません。まず，結晶ができるためには閉鎖空間が必要です。またそこに結晶が沈殿できる位の濃縮機構があり（過飽和），さらに結晶の核となる種（有機物）の3条件が揃う必要があります。生物がつくる鉱物（バイオミネラル）は，防御，攻撃，代謝調節，貯蔵など様々な用途があります。貝殻，真珠，歯，卵殻，胆石に至るまでバイオミネラルは無数にあり，どれも上記の3条件を満たして形成されています。

サンゴの場合，細胞外石灰化と細胞内石灰化に分かれます。分類群によって主としてどちらか一方を選択しています。骨片を作る生物の場合，ソフトコーラルのように骨片がまばらに分布するものから宝石サンゴのように緻密に繋がるものまで多岐に渡ります。八放サンゴでは，細胞内石灰化で結晶核の有機物が変化に富むので，アオサンゴ，イソバナあるいは宝石サンゴのようにカラフ

ルなものが必然的に多くなります。

骨格の材料のカルシウムイオンと炭酸イオンは海水中に無尽蔵にありますが、細胞を通って骨格との間の狭い空間に運ばれる経路については未だ議論が別れていて、細胞と細胞の間を通る説、あるいは細胞表面にあるポンプ（例：カルシウムポンプというタンパク質）を使って運ぶという説があります。

海水中には重炭酸イオン（HCO_3^-）と炭酸イオンと二酸化炭素が100：10：1の割合で存在しています。多量に存在する重炭酸イオンが炭酸イオンになる過程で水素イオン（H^+）を生じます。水素イオンには骨を溶かす働きがあるのでその除去あるいは中和するために水酸基（OH^-）が必要です。サンゴが骨格を作ると二酸化炭素を吸収しそうですが、骨格形成だけの過程を見ると二酸化炭素を出す（言葉を変えれば、H^+ を生じて酸性になる）反応なのです。一方、褐虫藻の光合成は海水をアルカリ性側にし、H^+ を中和するように働きます。

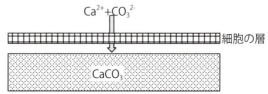

図 2-3-3　六放サンゴの場合、海水から原料となるカルシウムイオンなどを2層の細胞の層を通して石灰化の場所に運ぶ。

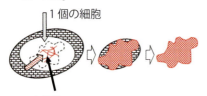

骨片はばらばら	隙間あり癒合	緻密に癒合
ソフトコーラル類	造礁性サンゴ	宝石サンゴ類
ウミトサカ	アオサンゴ	アカサンゴ
ウミエラ	クダサンゴ	モモイロサンゴ

図 2-3-4　八放サンゴの場合、細胞の内側で石灰の結晶ができるため色々な有機物を混ぜ込むことができる。骨片を持つサンゴには、骨片が散在するソフトコーラル、骨片同士が癒合するアオサンゴ、そして隙間無く充填される宝石サンゴがある。

§3 サンゴの生活

サンゴには寿命があるのか？ シンプルな質問ですが答えは簡単ではありません。ある程度の大きさで成長が止まるものもいれば無限に成長していそうな大物もいます。成長，成熟，自死，性転換，テロメアなど，まるで脊椎動物のようですが，サンゴにもあてはまることがわかっています。いろいろな観点からみてみましょう。

3-1 サンゴの寿命

(1) サンゴの成長速度と年齢

石垣島の名蔵湾で発見されたコモンシコロサンゴ群体は，長さ24m幅17m高さ10mおよび周囲70mと塊状群体として世界最大級とされ，2015年ギネスブックに申請されました。久米島のナンハナリではヤセミドリイシ群集が幅200m長さ1kmに渡って分布し，これも単一種では最大規模とされています。際限なく大きくなるようにも感じますが，もし今より浅い海域だったり，オニヒトデ幼生の通り道であったり，あるいは周辺に他のサンゴ種がいて競合関係にあればここまで大きくはなれなかったでしょう。

これらは特殊な例としてさておき，直径が数メートルになりかつ数も多い塊状ハマサンゴは，成長速度と環境変化を関連づけた研究によく用いられます。年齢査定が容易なためです。比較的軟らかいハマサンゴ骨格を成長方向に沿って5mm幅の板（スラブ）に切り出しX線撮影をすると，骨格密度の季節変化から樹木同様に年輪模様が出ます。塊状ハマサンゴの場合，沖縄では1年間に約8mm成長します，したがって，半球状の半径80cmのハマサンゴの場合，逆算して年齢は100歳と推定できます。年輪の出ないテーブル状，枝状あるいは被覆状のサンゴ群体の成長速度は群体の途中に印をつけて一定時間後に再度測定をしてその差から成長率を推定します。また，アリザリンレッドという染色液を加えた海水中で1日飼育すると成長部の骨格に色素が取り込まれて薄くピンク色に染まるので，染色後海に帰して一定期間後に回収し，成長速度を調べることもできます。テーブル状あるいは枝状のサンゴは成長が速く，1年に数十センチメートルも伸張するものもいます。

第1部　サンゴの基礎知識

　サンゴは群体が大きいものはその分だけ長く生きていますが，必ずしも大きさ＝年齢ではありません。また，数年で死んでしまう寿命の短い種もあります。死後バラバラとなり骨格を残さないソフトコーラルもいます。

　種に関わりなく正しい年齢を知るには，真核生物の染色体の端にあるテロメアという構造物を調べるのがよいかもしれません。テロメアは染色体の保護機能を持ち，分裂の度にその数が減少していくため，細胞の寿命や老化の指標になるのです。テロメアは細菌などの原核生物にはありませんが，真核生物であるサンゴには当然あります。そこでテロメア長を解析することによって年齢査定ができるのではないかと取り組んでいる研究者もいます。

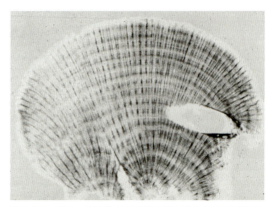

図 3-1-1　サンゴ骨格のX線写真に現れる年輪模様，4mmの厚さの板にして撮影。黒い帯が骨格の密度の高い場所。17本の帯があるので，このハナガササンゴ（熊本県天草産）の年齢は17歳となる。年間約4mmの成長？であることもわかった。右側の空隙は穿孔性二枚貝の空けた穴。

（2）サンゴの自殺？　アポトーシス

　細胞の自死（アポトーシス）とは，例をあげると，オタマジャクシがカエルの形になるとき，尾の細胞が自死して消えていくことや，ヒトの胎児にある手のひらの指間の水かきが，発生段階の途中でなくなって独立した5本指になることなどがあります。これはDNAに刻まれている必要なプログラムによって起こる現象です。

　サンゴでもアポトーシスは起こります。サンゴが病気になると，病原菌に感染した細胞がそれ以上感染を拡げないようにアポトーシスを起こすことがあります。個々でなく全体が生き残るための有効な選択といえるでしょう。

3-2 サンゴの殖え方

(1) 有性生殖

　サンゴは種類によって雌雄同体あるいは雌雄異体があります。雌雄同体はカタツムリのように体内に卵と精巣を持つ場合です。雌雄異体のサンゴ種では，サンゴ群体によって雄と雌がそれぞれ別となります。夏の夜のサンゴの産卵シーンは感動的ですが，大半のサンゴは雌雄同体なので，サンゴのポリプから生まれ出てくる卵のように見える球体は，複数の卵と精子の塊がボール状に丸まったものです（バンドル）。

　卵には脂肪が多く含まれるため比重が小さくゆっくり浮き上がって海面ではじけ，卵と精子の塊はばらばらになります（図3-2-1）。精子は鞭毛を振り動かして卵を探しますが，同じ群体からの卵とは受精しません。自家受精はせず近親交配を回避しています。同種他群体の卵に巡り会う必要があるので，同種のサンゴ同士は同じ日の同じ時間帯に放卵放精をする必要があるのです。1時間でもずれたら片方は流されていないかもしれません。また，精子もある程度の濃度が必要で数が少なくなると受精はできません。

　夏の夜の一斉放卵放精の翌日には多量の卵等が浮いて塊になるスリックが海面を漂います（図3-2-1）。ピンク色の帯状になるので容易に見つけることができますが，風向きによっては強い海臭いにおいがするので，嗅覚で前夜のイベントを知ることもあります。幸運にも相手に巡り会って受精し，発生が進んでサンゴ幼生になるものもいれば，魚など他の生物のご馳走になるもの，あるいは細菌等に分解されるものなどがあります。

図3-2-1　（左）海岸に打ち寄せられたスリック。前日の夜に放卵放精したサンゴの卵と精子の集団。
　　　　（右）スリック撹拌時および静置1分後，卵は油が多く浮くことがわかる。

第1部　サンゴの基礎知識

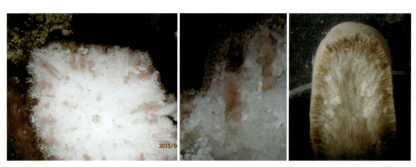

図 3-2-2　（左）エダミドリイシ断面。卵精子束（バンドル，ピンク色は成熟の証）。
（中央）拡大したもの。
（右）ソフトコーラル（フトウネタケ）の生殖巣（未熟なのでまだ白い）。

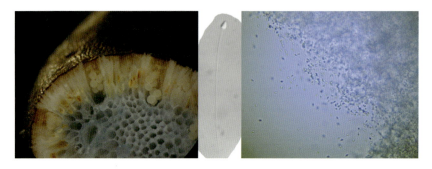

図 3-2-3　（左）アオサンゴの精巣（白いブドウの房状）。（中央）クサビライシの精子。
（右）アオサンゴの放精直前の精巣をつぶしたもの。精子は鞭毛を持っている。

図 3-2-4　卵精子束（バンドル）の水面での崩壊。はじけてばらばらになった卵と精子塊。ただし，自家受精は行わない。

(2) 性転換するサンゴ

　ヒトは雌雄異体で性は一生変わることはありません。クマノミは群れの中で一番大きな個体が雌でその他は雄ですが，その雌が不在になると一番大きな雄が雌に性転換します。サンゴでも成長に伴い性転換する種類があることが報告されています。サンゴの性転換は，単体サンゴで雌雄異体のクサビライシを用いて調べられることができました。多数の個体に標識（タグ）をつけて生殖時期に放卵する個体をメス，放精する個体をオスと確定します。次の年，その次の年と観察を続けた結果，オスからメスに性転換するという証拠を得ました。サンゴ初の性転換の証明です（Loya and Sakai, 2008）。

　この画期的な発見は年1回の放卵放精時期を狙っての地道な研究の積み重ねの結果です。オスからメスに性転換した個体を半分に割って小さくしたところ，翌年はオスに逆戻りという双方向の現象であるということもわかっています。今はどの性を選択した方がエネルギーを有効利用できる環境なのか，サンゴは少しでも子孫を多く残す方向に向かって最大限の利益（利得）を得るようにエネルギーを振り分けているのです。

(3) 困窮で早熟，小型多産か大型少産か

　生物はある程度の大きさになるまで成長にエネルギーを投資し，その後，成熟して繁殖するようになります。ネズミもゾウもサンゴも同様です。ところがサンゴの場合はより融通がききます。褐虫藻の光合成に特段の影響がない十分な光環境のもとにいながら，まわりを別種のサンゴに取り囲まれたりした場合，光合成で得たエネルギーを成長に投資せず生殖に投資するシフトが起きます。すなわち，少ないポリプながら配偶子を生産し成熟するのです。確かに利にかなっているのですが，そこまで変化できる能力には感心させられます。

　また，割合は少なめですが，放卵放精型ではなく幼生段階までポリプ内で育てる保育型のサンゴもいます。受精はポリプ内で行い，ポリプの中（胃腔）で発生が進んで幼生になるまで育てるタイプです。一度に多数の卵を作ることはできませんが，大きく育てることができま

図3-2-5　ミドリイシのプラヌラ幼生。表面の繊毛を使って滑るように泳ぐ。この幼生は，褐虫藻を持っているので少し褐色がかっている。

す。例えば，ハナヤサイサンゴは沖縄では夏場の間，月に1回プラヌラ幼生を放出します。より南方の熱帯の海では周年幼生を放出するようです。沖縄のハナヤサイサンゴを冬場に水温を上げて飼育すると，やはりプラヌラ幼生を保育し放出します。サンゴの大きさに限らず，生産性が高い環境条件下では生殖への投資にエネルギーを振り分ける余裕が出てくるという訳です。温暖化が進むと沖縄のハナヤサイサンゴも周年生殖できるかもしれません。その前に白化現象で消滅する可能性の方が高いとは思いますが。

(4) 無性生殖

無性生殖とは，遺伝的に全く同一のクローンで殖えていく方法です。群体サンゴの個々のポリプは小さいものがほとんどですが，これが何千何万とクローンで殖えていけば数メートルのテーブル状のサンゴや塊状のサンゴにまで大きくなることができます。無性生殖法でポリプの数を増やすということは，ある程度の大きさを持った状態からスタートできる利点があります。遺伝的多様性の維持という点では有性生殖に劣りますが，卵と精子を多量に生産する労力が不要です。また，好適な環境に棲息しているのであれば親群体の近くで殖えることができれば，好都合です。無性生殖にもまた実に多様な手段があります。

① 分裂

1個体のサンゴポリプは分裂または出芽によって個体数を殖やしていきます。分裂とはポリプが縦に割れていく方法です。塊状のキクメイシ類をよく見ると分裂途中のポリプを見つけることができます。ポリプが横に拡がり，口も細長くなり，口が2つとなってその間に骨格ができ，やがて2個のポリプになります。同様に，一度に3個のポリプが作られることもあります。

② 出芽

ポリプの触手の外側に別のポリプが形成される方法です。アザミサンゴの1個のポリプを親群体から切り離して置いておくと，その側面にこぶのような軟組織の盛り上がりができ，その後に口と触手ができて小ポリプとなります。最初のポリプの周りから複数のポリプが出芽して伸びていきます。その方向は元のポリプと同じとは限らず，光を求めて明るい方向を目指します。

③ 破片分散

ある程度の大きさのサンゴ枝が途中から折れて周辺に落ち，その場所で石灰

を沈着して活着し成長して殖える方法です。この場合，底質に活着できずに波などで転がり続けると生き残ることは難しくなります。通常の波による物理的な外力を受けて枝が折れることはあまりないのですが，穿孔生物によって基盤が弱くなっている際はそこから壊れます。また，台風の際は尋常ではない力が加わるので大きな塊状のサンゴでさえ基盤から外れることもあり，枝状のサンゴもポキポキ折れてしまいます。その後，新天地で新しい基盤に活着することができれば，生き残ることができます。骨格が脆く折れやすいエダコモンサンゴは，波の穏やかな礁池で大きな群落を作ることがあります。しかし，大きな台風の後に，跡形も無く消えることもあります。

④ ポリプの抜け出し

サンゴのポリプが骨格から抜け出して分散する方法です。トゲサンゴやハナヤサイサンゴで見られることがあり，主としてこの方法で殖えている場所があるという報告もあります。ポリプの形で抜け出すのではなく，幼生のように一旦球状になって親群体から離れていきます。骨格がないので流れ任せとは言え，ある程度遠い場所まで運ばれるものと考えられます。キクメイシの仲間でも起こるようですが，まだ観察したことはありません。

⑤ ポリプの流れ出し

骨格からポリプが完全に抜け出して離れるわけではありません。ポリプが外側に流れるように伸びてそこで石灰を沈着し，場合によってはその後離れて独立します。温帯のツクモジュズサンゴに見られます。

⑥ ポリプボールの形成

コモチハナガササンゴで見られるユニークな無性生殖法です。共肉の中に小さな群体が作られてボールのようになり，ある程度の大きさになると親群体から子群体がちぎれるように離れ落ちます。内湾の泥場で定着基盤がなく光も少ない悪条件ですが，他のサンゴとの競争がなく波にもまれない深場はこのサンゴにとっては快適かもしれません。水槽で飼育してみたのですが，夏場の水温の高い時期に白化し，長く飼育することができませんでした。水深30mの砂泥底で触手を長く伸ばしたコモチハナガササンゴが群れている光景は圧巻です。

⑦ 水平溶解自切

単体サンゴのクサビライシの仲間のほとんどの種類および深場あるいは深海

第1部　サンゴの基礎知識

図 3-2-6　サンゴの無性生殖
1. キクメイシの一種の分裂。
2. アザミサンゴの出芽（骨格標本）。
3. ワレクサビライシの放射状に割れる無性生殖（X 線写真）。（採取：西平守孝）
　 矢印は骨格のほとんどない裂け目。
4. コモチハナガササンゴのポリプボール。（採取：安田直子）

に棲息するセンスガイ等の仲間で見られます。上部と下部に分離しますが、その境目の骨格をサンゴ自ら溶解します。本来の造骨細胞が破骨細胞に変化して酵素を用いて溶かすと考えられます。分類上離れ、棲息域もかけ離れている単体サンゴに見られる共通の無性生殖法です。

⑧ 放射状溶解自切
　砂泥底に暮らす小形のワレクラビライシ類は、放射状に成長しながら骨格のほとんどない裂け目のような割れやすい部分を準備しています。さらにその箇所を自身で溶かす能力を持っています。破片となった後、それぞれの破片の周辺に、また骨格を放射状に作ります。したがって、ワレクサビライシの見つかる場所では 1 ㎡に数百もの個体が密集することもあります。より大形のワレク

サビライシは骨格溶解を行わないものの、大きくなって外から力が加わると裂け目に沿って割れます。

以前、タイのシャム湾から採取されたワレクサビライシ類を使用して研究をしたことがありますが、その後 2010 年に起きた白化で全滅したとのことです（タマサク・イーミン博士談）。沖縄や本州のワレクサビライシの仲間も安閑としてはいられません。

3-3　サンゴ同士の仁義なき戦い

サンゴ礁では多種多様な生物が華やかな世界を作り出しています。お互い仲良く暮らしているように見えますが、餌を求め、光を求めあるいは住処を確保するために熾烈な戦いが繰り広げられている世界です。野外でサンゴ同士が隣り合って接近している組み合わせを観察すると、どちらが優位なのか見当がつきます。どのサンゴが強いのかには順位がありますが、強い者がいつも勝者になるとは限りません。サンゴの戦いには、直接攻撃から兵糧攻めまで多様な戦術があります（図 3-3-1）。一部の例外を除いて移動をしないサンゴですが、成長に伴い他のサンゴとの距離が接近してくると戦わざるをえません。周りは全て競争相手です。

（1）ポリプで直接バトル

ポリプや触手が伸びて異物（他のサンゴ）を認識する距離になると戦いが始まります。直接攻撃には飛び道具の刺胞を用います。小さな刺胞細胞の中にぐるぐる巻きで折りたたまれている刺糸を反転させて相手の細胞や組織を攻撃します。物理的に刺すという攻撃に加え、刺糸の表面にあるタンパク質（有毒物質）を打ち込むという二重の攻撃です。

次に隔膜糸による攻撃法です。隔膜糸は、ポリプの中にある放射状のカーテンのような仕切り幕（隔膜）の内側末端にある紐状の組織で、主に消化吸収に関与します。この隔膜糸を口から吐き出し、あるいは体壁を突き破ってポリプの外側に出して相手の組織を消化する方法です。内臓のような隔膜糸を吐き出している様は不気味でもあり、迫力があります（図 3-3-1 の 6）

スウィーパー触手（掃除屋；sweeper）とは通常の触手の数倍から数十倍も長い攻撃用触手です。アザミサンゴの場合、通常の触手が約 1 週間の時間をかけて次第に長くなり、刺胞も攻撃用タイプに順次装填していきます。相手の触手がこちら側に届かない時点で長い槍で先制攻撃できる利点があります。場

第 1 部　サンゴの基礎知識

図 3-3-1　サンゴのけんか

1. けんかの強い塊状キクメイシ（中央）が被覆状のコモンサンゴから自陣を防御している。
2. 塊状キクメイシ（左）がよりけんかに強いアナサンゴモドキ（右）に覆われつつある。
3. 中央の塊状キクメイシの守備範囲を避けて上方から覆い始めているコモンサンゴ。
4. テーブル状のミドリイシが塊状サンゴを上から覆いつつある。塊状サンゴの暗がり側は一部死亡。
5. アザミサンゴのスウィーパー触手。通常触手の数十倍の長さがある。
6. ミドリイシ（左）が隔膜糸を出してハマサンゴ（右）を攻撃している様子。

§3 サンゴの生活

合によってはそうめんのように見えるくらいの数を作ります（図3-3-1の5）

　これらの直接攻撃の結果，野外では強い者が自陣を守り，あるいは成長が早くけんかに強い者が相手の組織を殺して，その上を覆うように陣地を拡げていきます。サンゴの多くは夜間にポリプを伸ばすことが多いので，日中は潜みバトルは夜襲という形で夜な夜な戦は繰り返されています。

(2) 相手を日陰者に

　直接交戦をしないまま，相手を滅ぼす手段もあります。褐虫藻の光合成に依存している有藻サンゴ（造礁サンゴ）にとっては太陽の光を獲得できるかどうかは，自らの成長や生殖への投資ひいては生存そのものに直結するので陰を作られると影響は甚大です。

　"タイマン"（不良用語の1対1の喧嘩）の勝負では勝てない相手でも，サンゴの場合は下克上があります。成長の速いサンゴでよく観察されるのですが，けんかに強い相手の守備範囲から離れて一定の距離を保ちつつ相手の上を覆ってしまう戦術です。テーブル状のミドリイシなどは海底から数十センチメートル立ち上がってから横に拡がるので，強者のキクメイシなどの直接攻撃を避けつつ相手を日陰にして光合成による栄養補給を絶つことができます。まるで兵糧攻めです。また，海底を覆うように成長するコモンサンゴなどでも強い敵と合い交える場合は，少し立ち上がって覆い被さるように成長することもよく見られます（図3-3-1の3,4）

(3) 合体と不可侵条約？

　他のサンゴを異物として感じ，攻撃するということは，相手を見分ける認知能力があるということです。一般的に無性生殖で殖えた，遺伝的にクローンの場合では攻撃し合うことはありません。同じ群体から取った枝同士を接触させるとその後癒合しますが，たとえ同種のサンゴでも元の群体が異なると攻撃しあうことが多いです。しかし，親群体の異なる（クローンではない）場合でも稚ポリプ同士では癒合することもあるので，生活史の段階によって認識能力に融通性がある（可塑性がある）のは興味深いです。

　同種異群体が接触しても攻撃は行わず境界線を保ったままになる冷戦状態になる場合もあり，その場合は相手のいない他の空いている空間側に成長していきます。海底に固着していない自由生活のサンゴは，強い相手から離れるという選択肢もあります。非固着性のクサビライシ類は比較的けんかには強いのですが，上位のサンゴがそばにいる際は水を吸って膨れ相手から離れ距離を取る

こともあります。

　最終的な勝者は長い期間見てみないとわかりません。例えば，台風によって海が荒れテーブル状あるいは立ち上がった薄い被覆状のサンゴがひっくり返されたり壊されたりすることもあるからです。この場合，成長は遅いもののしっかり岩に固着していたサンゴの方が生き残ることになります。台風など，適度に攪乱がある方が生物の多様度は高くなると考えられています。けんかの星取り表が最終的な勝者を決める訳ではなく，考え方を変えれば，その場に生き残った方が勝ちなのか，その間に多くの配偶子（子孫，DNA）を残した方が勝者なのかまで考慮する必要もあります。

CORAL ＊ COLUMN　　　　　　　　　コーラル＊コラム

光に向かって歩くサンゴ

　研究をしていると時には「まさか，そんなバカな」という現象に遭遇することがあります。私にとってサンゴの走光性がその一つでした。

　クサビライシ類は単体のサンゴで海底に固着していない自由生活のサンゴです。波などでひっくりかえっても口から水を吸って膨らみゆっくり起き上がることができることは知られていました。特にワレクサビライシは活発に動き回ることができるサンゴで，英語で acrobat coral と呼ばれます。

　その飼育中に気づいたのが，どうも水槽内のやや陰の場所から動いて明るい所に出ているかもしれないという発見でした。海水を吸って膨らみ，明るい側の組織が海底をグリップして縮む，の繰り返しで時速約 2cm の蠕動（ぜんどう）運動をしていました。これが端緒となり他のクサビライシにも走光性があることを確認しました。これまで誰も気づかなかったのは他のクサビライシ類が日速数センチメートルだったことです。

　この発見によって，サンゴ礁にいるクサビライシ類がなぜみんな明るい場所に鎮座しているのかということに気づいたという訳です。

　クサビライシ類はサンゴの常識をひっくり返したもう一つの技を持っています。それは無性生殖のために自らの骨格を溶かせるということです。マイナーなグループですが，実に興味深いサンゴの一群です。

第 2 部　サンゴの種類

§4 代表的なサンゴ

4-1 造礁サンゴ（ハードコーラル）

（1）六放サンゴ類

（花虫綱 Anthozoa，六放サンゴ亜綱 Hexacorallia，イシサンゴ目 Scleractinia）

　六放サンゴ（亜綱）にはハナギンチャクやイソギンチャク，スナギンチャク，ホネナシサンゴ，ツノサンゴなどが属していますが，サンゴ礁を造るものはほとんどがイシサンゴ目に属しています。

ハナヤサイサンゴ
Pocillopora
トゲサンゴ
Seriatopora
ショウガサンゴ
Stylophora

　ハナヤサイサンゴ科 Pocilloporidae にはハナヤサイサンゴ属 *Pocillopora*，ショウガサンゴ属 *Stylophora*，トゲサンゴ属 *Seriatopora* 他の5属がある。雌雄同体の幼生保育型のサンゴです。受精後の卵はポリプの胃腔の中で発生が進み，プラヌラ幼生まで保育されます。夏場は毎月幼生を放出するので，群体を水槽内で飼育していると，水槽の壁面にかなりの数の稚群体が定着・成長していることを見つけて驚くことがあります。ほとんどのサンゴが年に1回の放卵放精時期しかない一発勝負に対して，複数回幼生を放出できるのは利点です。ただし，大きく少なく産むのでどちらが有利かは状況次第です。

　ハナヤサイサンゴ科は白化現象の際には大きなダメージを受けやすく，特にトゲサンゴは沖縄島からほとんど消失してしまい，その後戻ってきません。

　ハナヤサイサンゴ属はその名の通りモコモコした形が可愛らしく，また枝の隙間にはサンゴガニ，サンゴテッポウエビ，ダルマハゼなど多くの生物が隠れており，そのほとんどがサンゴの放出する粘液を食べて生活しています。また，枝の先端に陣取ってサンゴの成長をコントロールしてかごのように変形させ，

図 4-1-1
1. トゲサンゴ *Seriatopora* とショウガサンゴ *Stylophora*
2. ハナヤサイサンゴ *Pocillopora* のクローズアップ
3. トゲサンゴと 4. ショウガサンゴの枝にサンゴヤドリガニによって形成された虫瘤（むしこぶ）

鳥かごの鳥のようにその中で暮らすサンゴヤドリガニが見られることもあります。

ミドリイシ

Acropora

　ミドリイシ科 Acroporidae にはミドリイシ属 *Acropora* やコモンサンゴ属 *Montipora* が含まれ，特に種数が多いミドリイシ属は，サンゴ礁の形成に大きく寄与する代表的なサンゴです。種数が多いということはよく似ている別種が多いということであり，見分けるのが困難なことも多々ある悩ましい一群です。基本的な構造は同じですが，ポリプやポリプの入る莢（きょう）の形と配置が異なり，種類によって様々な形態となります。枝の先端のポリプ（頂端ポリプ）は，周りのポリプより大きく，突出していることがあるのがこの属の特徴です。成長している先端が白いのは，褐虫藻の分裂成長速度がまだ追いついていないためです。先端側のポリプの成長に必要なエネルギーは，下の方で生産された光合成産物が先端まで運ばれて使用されていることがわかっています。

　指状や枝状そしていわゆるテーブル状サンゴになるのはこの仲間で，直径が数メートルに達することもあります。成長が速いため，テーブル状サンゴの場合，1年で数十センチメートルも伸びることがあります。大きく育ったサンゴは多くの粘液を分泌し，それが他の小動物の餌となります。また，複雑な形から多様な空間を創出するため，直接的・間接的に依存する多くの生物の住処あるいは拠り所になっています。残念なことに捕食者のオニヒトデや巻貝のレイシガイダマシの好物のため，あっという間に食い尽くされることもあります。さらに，水温上昇による白化現象でもダメージを受けやすく，1998年の大規模白化現象では大量に消失しました。

　ミドリイシの仲間が多い場所では，必然的に大小様々な生物が集まり華やかな世界となります。枝状，被覆状，指状，コリンボース状あるいはテーブル状になり，成長が速く，また見た目の派手さがあるため，移植や増養殖でも好まれて使用されるサンゴです。

図 4-1-2　ミドリイシの群体
1. テーブル状ミドリイシ *Acropora*
2. ミドリイシの頂端ポリプは大きい
3. ニオウミドリイシ *Isopora*
4. ニオウミドリイシのポリプは均質

図 4-1-3 枝状や指状のミドリイシ類（沖縄県瀬底島）

図 4-1-4　テーブル状のミドリイシ類
1. 和歌山県串本町
2. 台湾澎湖諸島
3・4. 沖縄県瀬底島

第 2 部　サンゴの種類

コモンサンゴ
Montipora

エダコモンサンゴ
Montipora digitata

　コモンサンゴはミドリイシと同じミドリイシ科に属し，これも種類が多い一群です。無数の穴（小紋）からなる山という意味です。枝状，塊状，被覆状，葉状と多彩な群体の形があり，最初は被覆状で，ある程度の大きさになると枝が立ち上がってくる種類もいます。次のハマサンゴと同様，雌雄異群体です。

　エダコモンサンゴ *Montipora digitata* は，波当たりの弱い礁池で大きな群落をつくることがあります。骨格がスポンジ状でかなり脆いため，ポキポキ折れやすいものの，分散した折れた破片が定着することもあり，5 年 10 年単位では群落が動いているように感じられるほどです。さすがに強烈な台風の後には，大半が消失してしまいますが，数年で目につくほど復活する場合もあります。

　被覆状の種類はじわりと海底を這うように大きく成長し，他のサンゴを覆い殺すこともあります。しかし，1998 年の大規模白化の際にはミドリイシ同様，コモンサンゴも大量死しました (Loya 他，2001)。また，理由は不明ですが，サンゴの病気のブラックバンド病の場合，圧倒的にコモンサンゴが被害を受けています。

アナサンゴ
Astreopora

　アナサンゴはミドリイシ科に属する，塊状または被覆状の群体です。イボ状に突出したサンゴ個体の穴（萼）はミドリイシ属やコモンサンゴ属より大きく，隔壁の発達が悪いこともあり，穴が目立つサンゴです。英語ではスターコーラルと称され，確かにじっと見ていると無数の星の集まりのようにも見えます。アストロボーイ（鉄腕アトム）のように強そうですが，上記のコモンサンゴ同様，ブラックバンドに罹患した群体が散見されます。

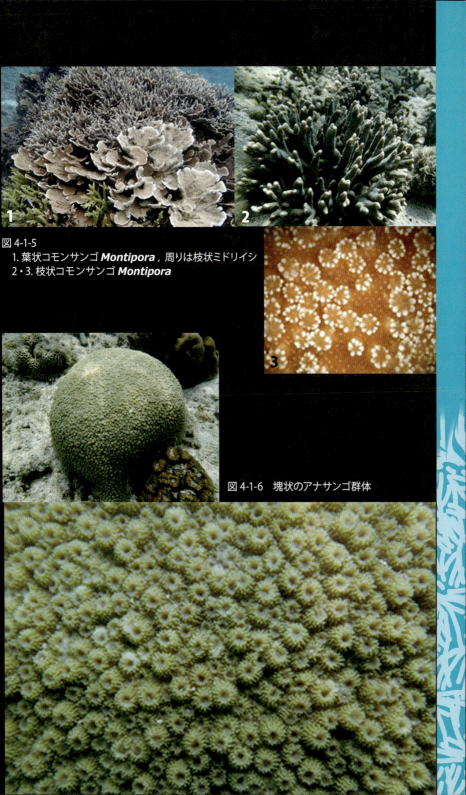

図 4-1-5
1. 葉状コモンサンゴ *Montipora*，周りは枝状ミドリイシ
2・3. 枝状コモンサンゴ *Montipora*

図 4-1-6　塊状のアナサンゴ群体

ハマサンゴ
Porites

　ハマサンゴ科 Poritidae のハマサンゴ属 *Porites* はサンゴ礁で数多く見られるサンゴの一群です。ミドリイシ *Acropora* のようにテーブル状になったりするものはなく，塊状あるいは枝状のものがほとんどです。塊状の数メートルにもなる大きな群体は存在感もありますが，形が単純なだけに派手さはありません。ポリプは小さく，ポリプの入る莢（きょう）もシンプルで全体としてのっぺりした印象があります。

　オニヒトデがあまり好まないサンゴで，白化にも比較的耐性があるのでサンゴ礁で生き残り，よく見かけるサンゴの代表格となっている訳です。どこにでもいるということは，研究対象として優れており，地域間の比較に利用されます。また，塊状のものは骨格の成長が一定ではなく季節によってわずかに骨格密度が変化し，X線撮影をすると濃淡のある年輪が得られるため，成長率や年齢の査定あるいは骨格内に残された過去の履歴（水温やミネラル組成の変化）を知ることができるありがたいサンゴです。

　骨格はスポンジ状で均質，太くて硬い部分があまりないので，ノコギリで切り出したり，穴を空けてコアを取ったりと加工もしやすいサンゴです。そのためブダイが囓（かじ）って食べたり，カンザシゴカイが穿孔したりとアレンジされやすい構造物です。枝状のハマサンゴも，時として大きな群落を作ることがあります。枝の奥には様々な生物が隠れており，枝の奥に産み付けられたピンポン大のコブシメの卵が見つかることもあります。

ハナガササンゴ
Goniopora

　ハマサンゴ科のハナガササンゴ *Goniopora* は昼間でも伸びている長いポリプが特徴です。水中で水の流れと一緒に揺れているポリプはのんびりしているようで癒（い）やされますが，有毒物質を持っているため他の魚などに食べられない強者です。ポリプに触れてみると収縮して，長いポリプがわずかな空間しかないサンゴ個体の穴に収納されます。その様子を見ると体のほとんどが水分であることに気づきます。

図 4-1-7
1. 塊状ハマサンゴ
2. ユビエダハマサンゴの枝の奥に産み付けられたコブシメの卵

図 4-1-8
3. ハナガササンゴ *Goniopora*
上半分はポリプが収縮した後

シコロサンゴ
Pavona

　ヒラフキサンゴ科 Agariciidae にはシコロサンゴ属 *Pavona* やリュウモンサンゴ属 *Pachyseris* があります。錣とは兜の周辺に拡がって垂れている防御用の板です。板が直行して格子状になる群体もあります。オニヒトデや水温上昇に伴う白化に強いことで知られ，またコモンシコロサンゴのように稀に巨大な群体を作ることがあります。

リュウモンサンゴ
Pachyseris

　リュウモンサンゴ属は峰が同心円状に配置している特徴を持ち，わかりやすいサンゴの一つです。サンゴ同士のけんかの際には胃腔から隔膜糸を吐き出して攻撃します。

　沖縄本島恩納村沖の深場で 300 m×100m の巨大な群落が発見され日本新記録種 *Pachyseris foliosa* として報告されています（Ohara 他, 2013）。石垣島や西表島の中深度（水深 30m 以深）の海底にも巨大な群落が 8 か所見つかっています（成瀬, 2014），中には長さ 540m 以上の長さに渡っている場所もあるとのことです。

図 4-1-9
1. シコロサンゴ
2. リュウモンサンゴ

第 2 部　サンゴの種類

クサビライシ
Fungia

　クサビライシ科 Fungiidae は単体の種を多く含みます，○○イシという名前がついているのがほとんどで，群体サンゴには見られないユニークな特徴を持っている一群です。名前もキュウリイシ，マンジュウイシ，ゾウリイシ，ヘルメットイシ，トゲクサビライシ，イシナマコなど，面白い和名がつけられています。

　クサビライシの場合，1 つのポリプでできているので巨大な 1 個体（単体）ということになります。くさびらというのは古語でキノコを意味し，英語でも mushroom coral と呼ばれています。科名の Fungiidae も fungi すなわちカビやキノコなどの菌類を指します。その理由は，この仲間が小さい時は岩に固着し，傘の部分と柄の部分があり，シイタケのようにキノコ形を呈しているからです。成長して傘の部分が柄から骨格溶解によって離脱し，自由生活になります。通常目にするのは傘の部分ですが，きっとその近くには基盤に固着している柄付きの個体があるはずです。眼をこらせば見つけることができるかもしれません。

　傘が外れた後に残された柄は，再生してまた傘を作る無性生殖を行います。自由生活になった傘は，暗がりから光を求めて移動する走光性，あるいは波にひっくり返された時に口から水を吸って起き上がれるなど，それぞれの環境に適応した特性を持っています。

　クサビライシは円形や楕円形で大きく，飼育しやすく，また単体サンゴとして見応えがあるため，人気があります。クサビライシ類を住処にするカニ，エビ，穿孔性の巻貝や二枚貝もいます。

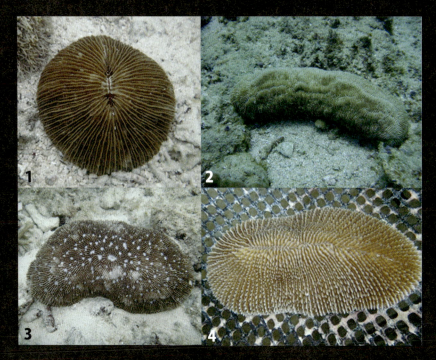

図 4-1-10　クサビライシ類
1. ヒラタクサビライシ
2. イシナマコ
3. ヘルメトイン
4. トゲクサビライシ
5. カワラサンゴ
6. キノコ形のクサビライシ幼個体 2 つ。その後傘の部分は柄から離れ自由生活へ

第 2 部　サンゴの種類

ハナガタサンゴ
Lobophyllia

ダイノウサンゴ
Symphyllia

　この 2 種類は Lobophyllidae 科に属するサンゴで，大きなポリプと荒々しい尖った隔壁が特徴です。他にキッカサンゴ *Echinophyllia*，オオトゲキクメイシ *Acanthastrea*，コハナガタサンゴ *Cynarina* などがいます。

アザミハナガタサンゴ
Scolymia

　アザミハナガタサンゴはオオトゲサンゴ科 Mussidae に属する単体サンゴです。

アザミサンゴ
Galaxea

　ハナサンゴ科 Euphylliidae のアザミサンゴ属 *Galaxea* は種数が少なく比較的小形の群体ですが，よく知られているサンゴの一つで実験観察に多用されています。銀河 galaxy が語源です。おそらく中央から放射状に隔壁が伸びる様子からイメージされたものと思われます。日本サンゴ礁学会の英文学術誌名 Galaxea にも使用されています。骨格の表面がなめらかで，サンゴ個体は縦に長く，共骨から飛び出している特徴あるサンゴです。

　アザミサンゴは出芽によって無性的に個体を殖やし群体を大きくしていきます。共骨が軟らかいため，ポリプを群体から抜いて単離しやすく，クローンの個体を準備しやすいこと，直径が約 1cm 弱の大きなポリプを持っており観察しやすいこと，昼間でも触手を伸ばしていることなどの特徴から，実験観察に適しています。さらに，色彩の異なる群体があること，攻撃用の触手（スウィーパー触手）を作ること，GFP（緑色蛍光タンパク質）を持つ場合があることなどの話題性もあります。

図 4-1-11
1. ハナガタサンゴ *Lobophyllia*
2. ダイノウサンゴ *Symphyllia*

図 4-1-12　アザミハナガタサンゴ *Scolymia*

図 4-1-13　アザミサンゴ
1. 緑系のもの
2. 触手が茶系のもの

ナガレハナサンゴ
Euphyllia

　ハナサンゴ科 Euphylliidae のナガレハナサンゴ属は昼間も触手を伸ばし，触手の形は錨状，房状，指状など多彩で同定する際の決め手になります。ちなみに琉球大学瀬底研究施設には *Euphyllia* に由来するユーフィリア号と名付けられた船があります。

コカメノコキクメイシ
Goniastrea

　近年の分子系統解析技術による分類体系の改変により，これまでの名称が使用できなくなったものがいます。キクメイシの仲間もその一群です。過去何十年にも渡って使用していた名前には愛着があり，新しい名称に未だ慣れませんが，科学的にあるべき名称を使用するようにしなければなりません。これまでの（キクメイシ科 Faviidae）は，サザナミサンゴ科 Merulinidae に吸収されました（深見，2013）。また，慣れ親しんだキクメイシ属 *Favia* は大西洋に分布するものに限定され，太平洋産のキクメイシ属は *Dipsastraea* となりました。和名が便利なのは，世界共通の学名が変わっても日本でしか通用しない和名は変更なしで使えることです。

　サザナミサンゴ科 Merulinidae に属するコカメノコキクメイシ *Goniastrea* は塊状の群体サンゴで浅瀬でよく見られる代表的なサンゴです。中には干潮時に長時間干出する場所に棲息するものがおり，タフなサンゴの一つです。昼間は触手を縮め，夜間には触手を伸ばして動物プランクトンを食べています。迷彩服のようなまだら模様になるものもいます。

図 4-1-14　ナガレハナサンゴ
1. 錨状の触手先端
2. ナガレハナサンゴ群体

図 4-1-15　キクメイシの仲間

コカメノコキクメイシ

ノウサンゴ
Platygyra

　ノウサンゴはサザナミサンゴ科 Merulinidae に属し，見ての通り脳みそのようにひだ状になっているのが特徴です。漢字では脳珊瑚，英語でも brain coral です。谷の部分にポリプが列を作って並んでいます。

図 4-1-16　ノウサンゴの仲間

図 4-1-17 Merulinidae 科のサンゴ
1・2. イボサンゴ **Hydnophora**
3. ウミバラ **Pectinia**
4. タバネサンゴ **Caulastrea**
5. リュウキュウキッカサンゴ **Echinopora**
6. トゲキクメイシ **Cyphastrea**

ダイオウサンゴ
Diploastrea

　ダイオウサンゴは Diploastreidae 科に属し，1属1種 *D. heliopora* です。大形の塊状サンゴで特徴がはっきりしているため，見間違うことはありません。雌雄異体なので，名前は大王でもメスもいるということです（西平・Veron, 1995）。

ミズタマサンゴ
Plerogyra

オオハナサンゴ
Physogyra

　この2種は分類の再検討の途中で，まだ所属が決まっていないサンゴです。ミズタマサンゴはブドウのように膨らんでいる嚢胞が特徴のサンゴで，触れると収縮して骨格の形を見ることができます。英語でバブルコーラルと呼ばれます。

図 4-1-18　ダイオウサンゴ

図 4-1-19
1. ミズタマサンゴ（直径約 20cm）
2. オオハナサンゴ（直径約 50cm）

CORAL ✱ COLUMN

褐虫藻を持たないアウトロー「イボヤギ」

　イボヤギ *Tubastraea* は，六放サンゴなのに褐虫藻を持たないため，外からの栄養すなわち動物プランクトンを食べて生活しています。光合成に依存しないため暗がりでも生きていけるので，サンゴ礁域では岩穴の中や陰になった場所によく見られます。

　まさしく日陰者のサンゴですがいろいろ目立つ特徴を持っています。一般の造礁サンゴ類の色が共生する藻の色の影響で基本的に地味な茶系なのに対し，イボヤギの組織はあざやかなオレンジや黄色です。昼間はポリプが収縮しているのであまりぱっとしませんが，夜に伸張するポリプ（写真）はものすごく目立ちます。幼生もオレンジ色で，生殖時期には粘液の糸に何匹もぶら下がっていることから親の近くに定着する傾向があると思われます。この色素はカボチャや人参と同じカロテノイド系色素ですが，それ以外にアルカロイド系の有毒物質も持っており，魚，オニヒトデ，シロレイシガイダマシに捕食されません。

　海外ではこのサンゴが外来種として大問題になっている場所もあります。もともと大西洋にいなかったイボヤギの一種が侵入定着し，ブラジルなどの海岸で大繁殖して現地の生物と競合しています。

　最近見つけた面白い現象を一つ紹介します。大潮の干潮時に干上がる岩場にいるイボヤギのポリプが次第に垂れ下がる現象を観察しました。イボヤギの海水への執着を感じます。指で触れたり潮が満ちて数回海水に触れると水を吐き出して収縮するので数時間の乾燥対策かもしれません。

　このような無敵にみえるイボヤギですが，これを専門に食べるミノウミウシや巻貝がおり，「蓼食う虫も好き好き」という言葉が浮かびます。

§4 代表的なサンゴ

コーラル＊コラム

イボヤギ，夜間に触手を伸ばしたものは鮮やかなオレンジや黄色を呈し目立つ。左の写真は大潮の干潮時に干上がった岩陰で海水を保持したままのポリプ

（2）八放サンゴ類

（花虫綱 Anthozoa，八放サンゴ亜綱 Octocorallia）

　八放サンゴ類のうちサンゴ礁を造る主なものはアオサンゴ目のアオサンゴとウミトサカ目のクダサンゴです。アオサンゴとクダサンゴは，褐虫藻を持ちサンゴ礁域に棲息し，イシサンゴ同様硬い骨格を持っています。分類上は八放サンゴで，軟らかいソフトコーラルや硬い宝石サンゴとも同じ仲間です。どちらも8本の羽状触手を持っています。

アオサンゴ

Heliopora coerulea

（アオサンゴ目 Helioporacea，アオサンゴ科 Helioporidae）

　アオサンゴは英名 blue coral，名前の通り青い骨格をしています。アオサンゴの Helio は太陽，pora は穴の意味です。ポリプ（個虫）の入っている穴（萼^{きょう}）の形はヒマワリ模様の太陽に似ています。骨格はイシサンゴと同じあられ石（アラゴナイト）型の炭酸カルシウムでできています。雌雄異群体で幼生保育型，すなわちオスの群体とメスの群体がいてオスの放出した精子がメスのポリプ内の卵と受精し，プラヌラ幼生となり体外に出ます。しかしすぐには親元を離れて泳ぎ出さず，親ポリプの外側にしばらくとどまります。幼生の遊泳能力は小さく，親群体の近くに着底するようです。

　アオサンゴは石垣島の白保に世界最大級の巨大な群落があり，沖縄島の大浦湾他でも大きな群落が確認されています。

クダサンゴ

Tubipora musica

（ウミトサカ目 Alcyonacea，ウミヅタ亜目 Stolonifera，クダサンゴ科 Tubiporidae）

　クダサンゴの「クダ」は管^{くだ}（tube）のことです。英名は red organ pipe coral，赤いパイプオルガンサンゴという意味です。いくつもの赤いパイプが上に伸び，途中で水平に伸びる足場（プラットフォーム）を作る成長形はユニークです。骨格は炭酸カルシウムの方解石（カルサイト）でできています。クダサンゴの生殖については情報に乏しいのですが，アオサンゴ同様プラヌラ幼生を保育して親群体の表面近くにとどまるようです。

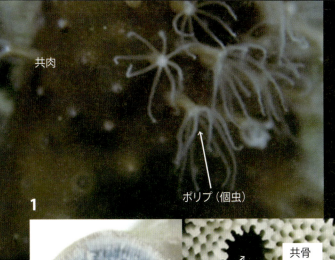

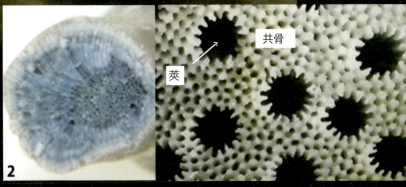

図4-1-20　アオサンゴ
1. 八放サンゴ（8本の触手を持つ）のアオサンゴ
2. アオサンゴの骨格断面は青色

図4-1-21　クダサンゴ
1. クダサンゴの骨格は赤く、2と3の触手は羽状触手を持ち、宝石サンゴと近い仲間であることがわかる（写真提供：2・3.ダイビングチームすなっくスナフキン）

（3）ヒドロサンゴ類

（ヒドロ虫綱 Hydrozoa, Hydroidolina 亜綱 , Milleporina 目）

　水族館で人気のミズクラゲは六放サンゴや八放サンゴと同じ鉢虫綱に属しますが，「サンゴ」と名がついていても分類上は少し離れた生物です。手に取ってみてもヒドロサンゴはイシサンゴ類と驚くほど形がよく似ています。花虫綱のサンゴにはクラゲ世代がないのに対し，主なヒドロサンゴには目立たないもののクラゲ世代があります。生殖時期の夏場に，骨格の中に 0.5mm の非常に小さな成熟したクラゲができます。5〜6月の満月の後に，骨格から飛び出した雄または雌のクラゲは，相手を探します。受精卵の発生が進みプラヌラ幼生になると，サンゴ幼生と同様，着底後ポリプとなり骨格を作り始め，無性生殖で個体数を殖やして群体を作ります。

　ヒドロサンゴも褐虫藻と共生しているため成長が速く，造礁サンゴの一群にまとめられています。刺胞毒が強く無敵に見えるヒドロサンゴ類ですが，1998 年の白化の際には大きなダメージを受けて激減し，その後回復も思わしくありません。

① アナサンゴモドキ類：

Milleporidae 科 アナサンゴモドキ属 *Millepora*

　アナサンゴモドキ属名の "Mille" はお菓子のミルフィーユ millefeuille（1,000枚の葉）のつづりにもあるように「たくさんの」，"pora" は「穴」で，「たくさんの穴」という意味です。少し詳しくポリプやポリプの入っている莢(きょう)を観察すると，名づけられた理由が分かります。

　イソギンチャク系とはずいぶん異なり，ポリプはとても小さく触手も長くありません。少し大きめの栄養個虫とそれをとりまく指状の個虫があり，それぞれ形も異なります。穴の直径もそれぞれ 0.2mm および 0.1mm と極小サイズです。小さくてもそこはヒドロ虫，刺胞の毒は強力なので刺されるとひどくかぶれる人もいます。火焔(かえん)サンゴあるいは英語で stinging coral や fire coral という名前がついているのもうなずけます。しかし，このようなヒドロサンゴだけを選んで付着するヒドロサンゴフジツボもいます。

　この属にはアナサンゴモドキ *Millepora alcicornis* の他にイタアナサンゴモドキ *M. platyphylla*，ヤツデアナサンゴモドキ *M. tenera*，ホソエダアナサンゴモドキ *M. intricata*，カンボクアナサンゴモドキ *M. exaesa* などがいます。

図 4-1-22 アナサンゴモドキ *Millepora*
1. 枝状のホソエダアナサンゴモドキ
2. 板状のイタアナサンゴモドキ
3. ポリプ（個虫）は，栄養個虫とそれを取り巻く指状個虫がある
4. それぞれの個虫の入っていた穴

② **サンゴモドキ類：**

Anthoathecata 目 , 刺糸亜目 Filifera, サンゴモドキ科 Stylasteridae

　サンゴモドキ類は褐虫藻を持っておらず，サンゴ礁域では岩場の陰にいる小型種です。紅色，黄，白，紫の骨格を持ち，なかなか綺麗な種類がいます。主に暖かい海の，水深数メートルの浅海から数百メートルの海底に生息しています。なかには高緯度の寒い海に棲むものもいます。

　有性生殖ではサンゴの群体の表面に生じた生殖個虫（栄養個虫）が骨格の表面に石灰質の子囊（しのう）を形成して，そのなかの卵がそこで受精，そのままプラヌラとよばれる幼生となって放出されます。アナサンゴモドキ類 *Millepora* のようにクラゲを遊離することはありません。ムラサキギサンゴが属する *Distichopora* 属や *Stylaster* 属がいます。

4-2 サンゴ礁を造らないサンゴ（非造礁性サンゴ）

(1) 軟らかく脆い（もろい）サンゴ（ソフトコーラル）

　八放サンゴのウミトサカ，ヤギ，ウミエラなどはソフトコーラルと呼ばれています。造礁サンゴのように硬い骨格は作らないので，死ぬとその場から消失します。しかし，六放サンゴのイソギンチャクとは異なり，小さな骨片を持っているのでそれらはサンゴ礁の砂あるいはサンゴ礁の小さな隙間を埋める充填剤として役だっています。

ウミトサカ

Alcyonium, Lobophytum 他

（ウミトサカ目 Alcyonacea，ウミトサカ亜目 Alcyoniina，ウミトサカ科 Alcyoniidae）

　ウミトサカ科にはウミトサカ属 *Alcyonium*，ウネタケ属 *Lobophytum*，ウミキノコ属 *Sarcophyton*，カタトサカ属 *Sinularia* 他があり，造礁サンゴに置き換わるように大きな群体が岩盤上に拡がっている場所も多いです。ソフトコーラルは群体の形や骨片の形などで分類しますが，容易ではありません。なお，カタトサカ属は，骨片が下方にびっしり積み上げられて石を作ることが報告されています (Jeng 他, 2011)。

図 4-1-23　ムラサキギサンゴ *Distichopora violacea*
1. 大潮の干潮時に干上がった個体（沖縄県読谷村）　2. 静置後に撮影した顕微鏡写真

←栄養個虫
←指状個虫

図 4-2-1　ウミトサカの仲間
1・2. フトウネタケ *Lobophytum crassum*
サンゴ礁ではサンゴに代わって優占していることが多い

トゲトサカ
（ウミトサカ目 Alcyonacea，ウミトサカ亜目 Alcyoniina，チヂミトサカ科 Nephtheidae）

ウミトサカ属がクネクネした感触でヌルヌルした手触りなのに対し，トゲトサカは大きな針状骨片が表面近くにあり，チクチクして，栗のイガを触っているようです。派手な色彩なので目立つソフトコーラルです。

ヤギの仲間

角質（硬いタンパク質，ケラチン）あるいは石灰質の軸（骨軸）を持つ八放サンゴの総称です。

ウミトサカ目 Alcyonacea 石軸亜目 Scleraxonia には，宝石サンゴのアカサンゴのようなイソバナの仲間（イソバナ科 Melithaeidae）やヒラヤギの仲間（ヒラヤギ科 Subergorgiidae）があります。石灰軸亜目 Calcaxonia には，長い鞭のような形のムチヤギ科 Ellisellidae 他があります。

図 4-2-2　オオトゲトサカ *Dendronephthya gigantea*（宮崎県日向灘）

図 4-2-3
1. イソバナ（写真提供：ダイビングチームすなっくスナフキン）
2. ヤギの一種
3. ムチヤギの一種

ウミエラ
(ウミエラ目 Pennatulacea，ウミエラ科 Pennatulidae)

　英語では sea pen と称され，鳥の羽のついたペンのような形状のものもあります。開いたエラのような部分のまわりには 8 本の触手を持つポリプが整列して配置しており八放サンゴの仲間であることがわかります。一般的に深い場所にいる印象ですが，沖縄島の泡瀬では水深数メートルの場所にいます。また，ボルネオ北部の沿岸に出かけた際，水深たった 30cm の浅瀬に突き刺さっているのを見つけ驚きました。つかもうとして指が触れると瞬時に泥の中に引っ込んでしまいます。透明度が数十センチと濁っていた干潟だったため水中写真は撮れませんでした。

(2) 非造礁性の有藻サンゴ
　有藻サンゴは共生している褐虫藻が生活できる海水温度に制限されているため，現在は千葉県館山あたりが北限となっています。少し特殊なサンゴのキクメイシモドキは佐渡まで分布しています。褐虫藻を持たないサンゴの場合は光や温度の制約がないため，より冷たいか，あるいは深い海域（南極近くや深海）でも確認されます。ここでは特に紹介しませんが，国内の温帯域のツクモジュズサンゴ，シオガマサンゴなどのイシサンゴ類もサンゴ礁とは異なる環境でそこに適した生活を送っています。

図 4-2-4　1.ウミエラ（写真提供：ダイビングチームすなっくスナフキン）
　　　　　2・3. ボルネオ産ウミエラ，矢印は海底に刺さっていた軸の部分

73

（3）深場に棲むサンゴ

　サンゴ礁の外洋に面した斜面から外側は次第に深く落ち込んでいきます。サンゴの数も次第に減少するものの，なんとか光が届く範囲（有光層）であれば，岩場でも砂地でも褐虫藻を共生させている有藻サンゴは棲息しています。深場には独特のサンゴが分布し，大きな群落を形成していることもあります。サンゴ礁の外側の深さ数十メートルの砂地に，有藻の単体サンゴのムシノスチョウジガイ，スツボサンゴ，ワレクサビライシ類が高密度で分布しているのを見られるかもしれません。

　さらに深く光が届かない場所でもセンスガイなどのサンゴが生息しています。モモイロサンゴなど知名度のある宝石サンゴだけでなく，あまり眼に触れることがないため注目はされない，多様な単体サンゴたちです。褐虫藻をもたないそれらは栄養源として，浅い層から降りてくるマリンスノーなどの懸濁有機物を主に食べているようです。砂地のような不安定な底質でも生きていけるように平たくなったり，脚を伸ばしたり，沈み込まない工夫をしているものが多く見受けられます。褐虫藻を持たないかれらは浅いサンゴ礁域のサンゴとは別の世界で生きており，交流はほとんどないと考えられます。1998年の高水温で大規模白化現象が起きた際には，数十メートルの深さのサンゴまで白化の影響が及ぶ所もありましたが，より深く水温が低い場所のサンゴで難を逃れたものもいました。

　建築用の砂の中あるいは人工ビーチの砂浜で，サンゴ礁域の砂浜では出会うことのない深場のサンゴを見つけることがあります。それは深場から吸い上げた砂を使っているからで，その砂の由来を知ることができるのです。

4-3　宝石サンゴ

（1）宝石サンゴの種類

　「サンゴ」と聞くとサンゴ礁のサンゴを思い描く人と深海の宝石サンゴを連想する人に分かれるかと思います。ほとんどが深海に棲息するいわゆる宝石サンゴは八放サンゴ亜綱に属し，主要な造礁サンゴが属する六放サンゴ亜綱とは少し離れています。宝石サンゴと言われる種は図4-3-1のとおりです。高価なアカサンゴやモモイロサンゴは特に知名度があります。

　硬い体の宝石サンゴですが，サンゴ礁の浅瀬で暮らす八放サンゴ亜綱のソフトコーラル類やアオサンゴも宝石サンゴと近縁の仲間たちです。八放サンゴ類は細胞内骨格（骨片）を作りますが，これが緻密で堅固な骨格になっているの

図 4-2-5 北西太平洋の深海から採取された単体性のイシサンゴ類
1. オキクサビライシ科
2. フルイサンゴ科
3・4. チョウジガイ科
5・6. センスガイ科
多くは基質に固着せず，分裂あるいは破片から完全な個体に成長する無性生殖が見られる（写真提供：水産庁，国立研究開発法人 水産研究・教育機構）

が宝石サンゴやアオサンゴです。ソフトコーラルは骨片が組織の中に散在しているのでくねくねとした軟らかい体を持っています。

八放サンゴ亜綱 Octocorallia，ヤギ目 Gorgonacea，サンゴ亜目 Scleraxonia
 サンゴ科　Coralliidae
  Paracorallium 属
   アカサンゴ *P. japonicum*
  Corallium 属
   ベニサンゴ *C. rubrum*（地中海産）
   モモイロサンゴ（ボケサンゴ）*C. elatius*
   イボモモイロサンゴ *C. uchidai*
   ゴトウモモイロサンゴ *C. gotoense*
   シロサンゴ *C. konojoi*

図 4-3-1　宝石サンゴの仲間

アカサンゴ
Paracorallium

モモイロサンゴ
Corallium

（ウミトサカ目 Alcyonacea，石軸亜目 Scleraxonia，サンゴ科 Coralliidae）

アカサンゴ *Paracorallium japonicum* とモモイロサンゴ *Corallium elatius* は，漁獲されている宝石サンゴの代表です（他にシロサンゴもあります）。通常，目にすることがなく高価なため，英語では貴重サンゴ（プレシャスコーラル，precious coral）と呼ばれます。

水深数百メートルの深い海に棲息し，褐虫藻を持っていないので造礁サンゴのように光合成産物に依存することはありません。マリンスノーのような海中の有機懸濁物等を捉えて食べエネルギー源としています。

ソフトコーラルと同じく 8 本の羽状触手を持ち，骨片を沈着するのも共通の特徴です。宝石サンゴの骨片はクダサンゴと同じく方解石で，緻密で隙間がないため研磨加工することができ，生物由来の宝石となります。雌雄異体（オ

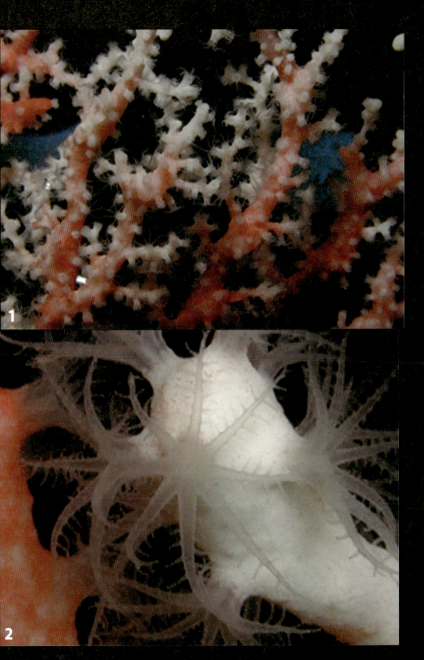

図 4-3-2
1. アカサンゴ群体　2. モモイロサンゴのポリプの拡大写真(写真提供:海洋博公園・沖縄美ら海水族館)

ス群体とメス群体がある）放卵放精型です。

（2）殖え方

　宝石サンゴは深い海で生活しているため，浅場のサンゴ礁に棲息するイシサンゴやソフトコーラルのように入手することは容易ではなく，その生殖については謎に包まれていました。しかし，沖縄美ら海財団の野中氏らの精力的な研究によって生殖の様子が明らかとなりました (Nonaka 他，2014)。日本産の宝石サンゴ3種類（アカサンゴ，モモイロサンゴ，シロサンゴ）を材料に用いて調べたところ，3種とも個体（群体）によって性すなわちオスとメスが異なる雌雄異体ということがわかりました。

　造礁サンゴの多くが夏の夜に卵と精子を海水中に放出する繁殖様式（放卵放精型）を採ります。また，少数のサンゴは幼生まで育ててから放出する保育型を採ります。宝石サンゴ3種では，多くの造礁サンゴと同じ放卵放精型ということも判明しました。一方，造礁サンゴと異なる特徴も明らかとなりました。造礁サンゴでは卵と精子の集まった袋の精子嚢はポリプの中に作られます。しかし，宝石サンゴではそれらはポリプとポリプの間の共肉部に作られ蓄えられるという予想外の繁殖形式を採用していました。野中さん達は，深海で数の少ない動物プランクトンを食べる宝石サンゴが大きな卵などをポリプの中に長い間持っていることは，胃袋を圧迫し餌を食べるのに不利になるため，このようなポリプの外側に生殖巣を持つような繁殖生態をとったのではないかと推察しています。また，繁殖の時期が5～8月の夏季であることも明らかにしました。浅場ほど水温の変動がない深い海底でもちゃんと季節を感じて繁殖の準備をし，スケジュール通りに繁殖行動を行うことは神秘的です。

　宝石サンゴの成長はとても遅い印象がありますが，地中海産ベニサンゴ *Corallium rubrum* で年数ミリメートルから2cm，ハワイ産 *C. secundum* で年9mm，日本産アカサンゴ *Paracorallium japonicum* が年2～6mmと見積もられています（Nonaka and Muzik, 2007, 日本サンゴ礁学会 website）。1年間に数センチメートルから十数センチメートル成長する枝状あるいはテーブル状の造礁サンゴと比較すると遅いですが，塊状サンゴでは1cmに届かないものもあるので，宝石サンゴの成長速度は塊状の造礁サンゴと同程度ということになります。

　サンゴ礁ではサンゴの減少が著しいため，人が手をさしのべて移植あるいは養殖を行っています。近年，宝石サンゴに対しても増養殖の試みが行われています。深さ100mの海底に人工漁礁を作り，宝石サンゴの定着促進に努めて

いる所があります。

(3) 骨格と色

　造礁サンゴの骨格が白色なのに対し，細胞内に骨片を作る八放サンゴは結晶核としての有機物を含むので色がついていることがあります。しかし，素人にはすぐにモモイロサンゴとシロサンゴあるいはアカサンゴの違いはわかりません。アカサンゴやモモイロサンゴでも先端の細い枝は白くなっていることが多いのです。成長して枝が太くなるにつれ色が増してくるとのことです。

　宝石サンゴが生きている時には軟組織のポリプ（個虫）と共肉があり，その体内で骨片の生産と下方への沈着が行われています。加工所から分けていただいたアカサンゴを顕微鏡で確認したところ，以前は軟組織がついていたであろうという状態の箇所を見つけました。最初は加工切断時の骨格の粉が飛び散ってついた汚れかと思っていました。しかしそうではなく，小さいながらも骨片がびっしり付いていました。綺麗な研磨された枝では感じなかった，深い海での生物の営みを骨片の集まった箇所で感じた瞬間でした。

　宝石サンゴに見間違うような浅瀬のイソバナは乾燥させると次第に骨片などが剥離してぼろぼろになり，がっかりしてしまいますが，深海の宝石サンゴと生物としてはあまり違いがなく，生き物の体のつくりの共通点には納得します。イソバナ等の骨片の形は表面が無数の棘状になったやや細長い形です。アカサンゴ骨片の長径は約50μm（1mmの20分の1，髪の毛の太さの半分）でした。骨片には白いものと赤いものがあり，おそらく枝が太くなるにつれ赤い骨片の割合が増していくのだろうと納得しつつ，最初からなぜ赤い骨片だけでやっていかないのかという疑問も湧きます。ソフトコーラルのオオトゲトサカとそれなりに硬いイソバナも同じように骨片は単色ではないので，何か意味があるのかもしれません（図4-3-3）。

　イタリアのベニサンゴの赤い色はカロテノイド色素と報告されています。イボヤギ軟体部の色素もカロテノイドなので，赤い色素の利用は組織内（硬組織と軟組織），分類群（八放と六放），場所（浅海と深海）を越えて共通しているかと思われます。

　宝石サンゴ3種（アカ，シロ，モモ）の骨格にたまたま紫外線を当ててみたところ緑色の蛍光がありました（図4-3-4）。骨格内に含まれる有機物が蛍光物質を含んでいるためと考えられます。アナサンゴモドキ *Millepora* の骨格も強い蛍光をもっていますが詳細は不明です。

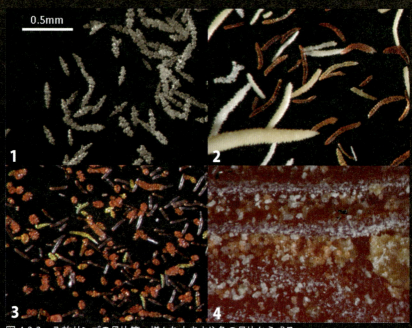

図 4-3-3　八放サンゴの骨片等。様々な大きさや色の骨片から成る
1. ソフトコーラルのフトウネタケと 2. オオトゲトサカ
3. 比較的硬い骨軸を持つイソバナの軟組織にある骨片
4. アカサンゴ骨軸の周辺軟組織に含まれる骨片

図 4-3-4　アカサンゴの小枝
下の写真は波長の短いブラックライト
（近紫外線）を当てた蛍光写真
（サンゴ提供：吉浜さんご加工所）

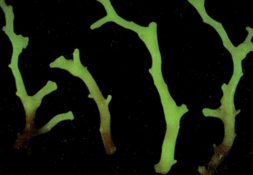

(4) 宝石サンゴの問題

　2014年，多数の中国漁船が小笠原諸島周辺海域に集結した宝石サンゴの密漁問題があり，宝石サンゴがクローズアップされました。背景には中国における宝石サンゴの採取規制および経済の好調があります。その時には宝石サンゴ（特に人気のあるアカサンゴ）の価格が十倍にも跳ね上がりました。また，浅場のサンゴ礁を造る造礁サンゴと深海の宝石サンゴの違いなども取り上げられることが多く，「サンゴ」が注目されました。私は，2016年2月に台湾にある超高層ビルの台北101に行きましたが，88階のフロアに拡がる贅を尽くした宝飾サンゴの数々の展示には圧倒されました。宝石サンゴを用いた様々な作品がきらびやかに展示され，縁起物の宝石サンゴに対する中国人の想いの強さを感じた次第です。

　沖縄近海にも宝石サンゴは棲息しています。水産庁の報告書（水産庁2015）によると，宝石サンゴのアカサンゴ（*Paracorallium japonicum*）（ヤギ目サンゴ科に属する種）が確認されています。また「残存漁具として漁網片が確認され，確認された漁網片の中には，アカサンゴに絡まっているものもあった」とのことです（図4-3-5）。

(5) 価格とサンゴ漁

　宝石サンゴの価格は時代によって変化してきました。宝石サンゴが沖縄でも採取できるようになると，カツオ漁からサンゴ漁に仕事を変えた人たちも多かったようです。しかし，1965年にミッドウェイ（ハワイ諸島北西）北西の天皇海山で宝石サンゴが日本のマグロ船によって見つけられ，大量に採取された結果，宝石サンゴの価格は暴落しました。そして日本船団は撤退し，その後台湾の漁船に置き換わりました。ミッドウェイの宝石サンゴは価格の安い白系が多いようです。

　昔はアカサンゴの人気がそれほど高くなかったこともありましたが，2015年にはアカサンゴは1匁（もんめ，3.75g）3〜10万円の価格で取引され（宝石サンゴ保護育成協議会，2015年），この5年で10倍も価格が高騰しました。価値の上がったアカサンゴは流通量も増加しましたが，希少なモモイロサンゴは価格が高くても取引量が少ないままのようです。逆にシロサンゴは価格が安いため，需要が少なく，ほとんど入札されません。需要と供給のバランスで価格が決まるのはしょうがないですが，シロサンゴが生物としても下位にランクづけされているような印象を受けるのは，いただけないことです。

　高価な宝石サンゴについては，獲りすぎによって加工の原料となる原木（サ

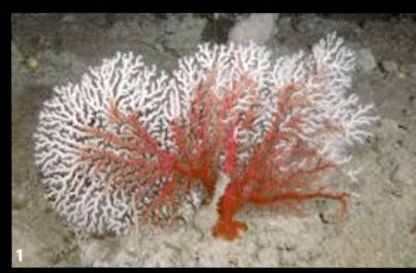

図 4-3-5
1. 海底のアカサンゴ群体（幅 約 33 cm，高さ 約 15 cm）
2. アカサンゴに絡まっている漁網片

(写真提供：水産庁，国立研究開発法人 水産研究・教育機構，平成 27 年度水産庁漁業調査船「開洋丸」沖縄周辺海域宝石サンゴ漁場環境調査 報告書)

ンゴの骨格）が入手できなくなったことと，地味な仕事であることなどから職人や後継者が減り，自ら製品を作り上げる加工所の数は時代とともに減り続けています。沖縄県の国際通りには宝石サンゴを販売している店はそれなりにありますが，加工技術者の減少が懸念されます。

　サンゴの成長は極めて遅いため，一度獲ってしまうと資源の回復には気の遠くなるような年月がかかります。そこで，国内における宝石サンゴの採取は，高知県，長崎県，鹿児島県および沖縄県で，各県の漁業調整規則に従った方法で実施されています。沖縄県の場合，潜水艇など選択的に獲ることができる漁具に限るとされ，底引き網の使用は禁止されています。

(6)「宝石」になるまでの加工

　それでは実際に宝石サンゴが宝飾品となるまでの工程を概観してみましょう（図4-3-7）。まずは原木です。サンゴの種類そして大きさや色が重要ですが，良い色で大きければすぐに使えるということではないことがわかりました。穴が空いている虫食い状態もの，年輪のような不連続な模様や傷になっているものは加工に適しません（図4-3-6の2）。虫食いというのが何が原因か，最初は理解に苦しみましたが，炭酸カルシウムの骨格に穴を空ける海綿のクリオナ *Cliona* であることがわかった時は感動を覚えました。クリオナはサンゴ礁域で普通に見られるなじみのある穿孔性海綿だったからです。

　サンゴの形は様々なので枝振りや厚さ，色を考慮して作品のラフな下絵を描きます。円盤状のダイヤモンドカッターで切断あるいは円盤状の砥石で削り，切断と削りを繰り返した後，より細かい小道具を用いて削りを行います。最終段階で研磨剤をまぶした円盤状の研磨機で研磨しつや出しを行います（図4-3-7の7）。

　虫食い状態の原木でも全く使えないわけではなく，そのような場所を避けて削りや穴開け等を行えば作品にすることも可能です（図4-3-6の4）。材料の素材を無駄なく最大限に活かす工夫が加工職人の頭の使いどころ腕の見せ所です。

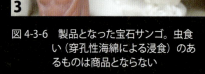

図 4-3-6　製品となった宝石サンゴ。虫食い（穿孔性海綿による浸食）のあるものは商品とならない

1. モモイロサンゴ
2. 穿孔性海綿による虫食い状態
3. モモイロサンゴとシロサンゴ
4. 虫食いを部を避けて加工
5. ブローチ兼ペンダント
6. シロサンゴのネックレス
　　（協力：吉浜さんご加工所）

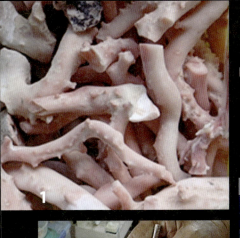

図 4-3-7　宝石サンゴ加工の工程
　1. 原木の選定　2. 下絵書き　3. 切断
　4. 荒削り　5. 研磨仕上げ　6. 穴開け
　7. 小道具　8. 加工中のサンゴ
　　（協力：吉浜さんご加工所）

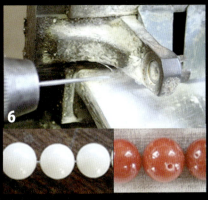

CORAL ＊ COLUMN　　　　　　　　　　コーラル＊コラム

童話・歌とサンゴ

　童話の桃太郎の最後のシーンは，鬼ヶ島からお宝を持って帰るところです。その宝船に積んだ戦利品は時代によって変遷しますが，一般的には金銀珊瑚に綾錦です。綾錦は美しい衣服，珊瑚（七宝の一つ）はサンゴ礁を形成する六放サンゴではなく深海に棲息する八放サンゴ・ヤギ目の宝石サンゴです。アカサンゴやモモイロサンゴだったのでしょうか。

　また，働き過ぎの大人の心に染みた「およげ！たいやきくん」の歌詞にはモモイロサンゴが登場しますが，おなかのあんこが重たかったためか，たいやき君はモモイロサンゴの棲むかなり深いところ（水深数百メートル）まで潜ったものだと感心します。

　ズーニーブーの「白いサンゴ礁」や松田聖子の「青いサンゴ礁」，どちらの歌もサンゴ礁そのものではなくサンゴのない砂地や深場をイメージしていると思います。遠目に見るサンゴ礁はサンゴの褐虫藻の影響で茶系のシックな色合いですが，周辺の白や青とのコントラストによって美しさを醸し出しています。人々を魅了するサンゴ礁ブルーの海は，サンゴ，白い砂，高い透明度，異なる深さなど色々な要素が相まって作られる色です。BEGINの「島人ぬ宝」では"汚れてくサンゴも…"とあり，赤土等の陸域からの土壌粒子がサンゴ（礁）を痛めている様子が想い浮かびます。

第 3 部　サンゴと多彩な生き物たち

§5 サンゴと共に生きる

(1) サンゴに集う者たち

　サンゴの枝があると多くの生物たちが暮らしていけることを一目瞭然でわかるように図5-1-1を作りました。サンゴの種類や形状によって，サンゴを利用できる生物はそれぞれ異なります。枝の隙間などの空間利用，サンゴを餌とする直接利用，足場としての付着利用，穴を開けて暮らす穿孔利用，そしてこれらの生物を餌として捕食する者がいます。石灰を溶かすことができる生物たちにとって，サンゴの骨格が空間の多い多孔質で，加工しやすい炭酸カルシウムでできていることも重要です。

　森林の樹木のように構造的生物のサンゴが成長して大きくなるにつれ，多様な生物たちに様々な場所を「提供」し，そこに棲み込んだ生物が新たな場所を「創出」し，住人たちが存在あるいは活動することによって周りの環境を変化させつつその状態を維持する「条件づけ」が起こります（西平守孝「棲み込み連鎖」）。逆にサンゴが失われると，急激にあるいはゆっくりと生物が入れ替わりつつも，にぎやかな活気ある世界は次第に沈黙していきます。

(2) サンゴを狩場にする

　サンゴ群体の周りを泳ぐ小魚やサンゴの枝の隙間に棲む小動物を狙う者や枝の隙間の小動物を餌にしている生物がいます。肉食性の巻貝もゆっくり這い回って餌を探します。

　また，岩の表面の海藻をかじり取るウニ，砂の間にある有機物を食べるナマコ，他の生物を捕食するヒトデ，あるいはウミシダのようにサンゴ枝の間に隠れたりよじ登ったりしてプランクトンを食べたりと，サンゴ周辺を餌場にする棘皮動物たちは様々な食事のパターンを持っています。

　ウニは下側に口が上側に肛門および生殖口があります。5個の硬い歯を使って岩の表面の微少な藻類等をかじり取って食べます。その際に少しずつ藻類等が付着している基盤もすり減っていきます。何世代にも渡って削り取られるとそれが大きな穴になることがあります。ナガウニが集団で棲息している場所では穴や溝が多くできて，入り組んだ複雑な形状となっています（図5-1-2）。

§5 サンゴと共に生きる

図5-1-1 1本のサンゴの枝のまわりの生物たち。(Newell, 1971を参考に生物写真を用いて作成) 上半分は生きているサンゴ枝。下半分は死んだサンゴ枝。(生物の大きさの縮尺は一致していない)。

第 3 部　サンゴと多彩な生き物たち

図 5-1-2　（左）ナガウニの口（よく見えるように，水から引き上げて少し乾燥させた）。（右）ナガウニが水色のプラスチック水槽に付着した石灰藻をかじり取った痕。写真ではわかりにくいがプラスチックも少し削りとられている。

（3）サンゴは小さな魚の隠れ家

　沈没船や人間が沈めた魚礁のように，隙間の多い立体の構造物が出現するだけで，その場所や空間はいろいろな海の生き物の住処となります。したがって，空間のほとんどない塊状や平たいサンゴは隠れ家としてはあまり適しません。しかし，枝状に広がるサンゴの場合は，複雑な空間ができるため，スズメダイのような小さな魚の住処となり，また大形の捕食者が入り込めないので格好の避難場所となります。

　そのような生物たちにとっては立体的な構造が重要なのです。たとえサンゴが死んで骨格だけになっても，魚礁と同じ蝟集（いしゅう）効果は残るので，しばらくは居着くことができます。しかし死んだサンゴの骨格は，生物によるかじり取りや穿孔によって次第に朽ちて，次第に砂と化してしまいます。

（4）貼い付きマイホーム

　サンゴは褐虫藻の作り出した光合成産物の 90% を受け取り，その約半分を粘液等の有機物として体外に分泌します。この粘液は糖，タンパク質，脂質を含む有機物のため，他の生物の餌となります。中にはサンゴの粘液等を主食として全面的に依存する生物たちがおり，これらの生き物にとってサンゴは生きていく上で必要不可欠な運命共同体です。サンゴガニ，サンゴテッポウエビ，ダルマハゼなどが挙げられます。サンゴの森はこれらの幼生が海中を漂ってサンゴ枝にたどり着き，サンゴから放出される餌を食べて成長・生殖し，そして子孫が旅立っていく空間です。

　サンゴヤドリガニは少し変わった直接利用者です。オーナーのサンゴの枝の

先端に陣取り，枝の成長をゆっくりコントロールして変形させ，最後は両手を組んだような家を作り，その中でメスが暮らします（§4図4-1-1の3,4参照）。通水口となる穴はメスのカニの体より小さいので一生外に出ることはありませんが，安全かつ堅牢な岩穴住処には違いありません。オスは小形でこの小さな穴から出入りできます。

また，肉眼では見つけるのが難しいですが，より小さなカイアシ類（ミジンコの仲間）や扁形動物の中にはサンゴ表面を這い回っても平気な種類がいます。イソギンチャクの触手の林に棲むクマノミのように，サンゴの刺胞を発射させない工夫がありそうです。

サンゴ枝の隙間を軽快に動き回るサンゴガニの中には，サンゴの天敵オニヒトデの管足や棘をはさみで切り，果敢に撃退する強者もいます。オニヒトデにサンゴが食べられると，サンゴの粘液が主食のサンゴガニは餓死してしまいます。巨大なオニヒトデに一寸法師のごとく立ち向かう姿は勇ましい限りです。

(5) サンゴの表面にへばり付く

生きているサンゴ表面は接近したり付着しようとすると，サンゴの刺胞の攻撃を受けるので，ほとんどの生物にとっては近寄りがたい手強い場所です。しかし，サンゴ組織が死んで骨格が露出すると，多くの生物の足場として利用されます。付着する生物は実に多種多様で，図5-1-1に描いた他にも海藻，海綿，苔虫（こけむし），八放サンゴ，ホヤ，フジツボ，藻類などきりがありません。

また，生きているサンゴ表面を選択的に選んで付着する生物たちもいます。サンゴ表面に付着し，サンゴが成長するにつれて自分の殻が次第に骨格に囲まれていくヘビガイの仲間がいます（図5-1-3）。寿命が40年以上という種類も観察されています。

ヘビガイの食事の仕方はユニークです。開口部から多量の粘液を吐き出し，これに付着したプランクトンやデトリタス（生物の遺骸などの有機物を含む微少な破砕物，深海のマリンスノーのようなもの）をたぐ

図5-1-3 コモンサンゴに穿孔し，開口部から粘液トラップを出しているフタモチヘビガイ。

り寄せて食べます。ヘビガイが放出する粘液はサンゴにとって快適ではないものなので，免疫反応を起こした結果としてピンク色に変色したり，成長が抑えられてのっぺりとした表面になることがあります。

(6) サンゴに孔をあけて棲む

　サンゴの骨格をより積極的に利用する，すなわち孔をあけて棲み込む生物は意外に多くいます。海綿動物のクリオナ，二枚貝ではシャコガイ（図5-1-8），オオタカノハガイ（図5-1-4（右）），イシマテなどが，巻貝ではムロガイなどが穿孔利用者です。環形動物のゴカイにも穿孔するものが多数います。甲殻類のフジツボ類，カイアシ類やツボムシなど特定のサンゴに穿孔する者達がいます。ヤスリのように削ることに特化したシールドマシンのような特殊組織を持ったホシムシ類（図5-1-6）は，サンゴに限らずいろいろな岩に入り込んでいます。これらの生物の大部分はサンゴ骨格という堅い安全な隠れ家を確保した上で，海水中のプランクトンを食べる濾過摂食を行っています。

　イシマテやムロガイは硬いサンゴの骨格の孔に完全に埋没するので堅い殻を持たず，脆い貝殻をまとっています。無駄なことはしないということです。

　塊状のハマサンゴ群体に穿孔するカラフルなカンザシゴカイは目立つ存在です（図5-1-5（右））。英語ではクリスマスツリー，和名では簪（カンザシ）という名がかぶせられており和洋問わず，姿形を言い得てどちらも粋な名前です。表に出ているのはエラでプランクトンを濾し取る役割があります。綺麗な表の部分に比べて骨格に埋没している体はいわゆるゴカイなので，そのギャップは大きいものがあります。

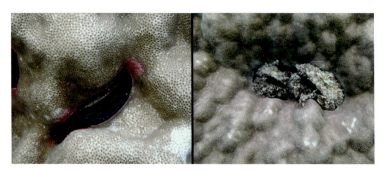

図5-1-4　塊状ハマサンゴに穿孔する二枚貝。（左）ウミギクガイモドキ，ピンク色はサンゴ側の免疫反応，（右）オオタカノハガイ2個体。

§5 サンゴと共に生きる

　穿孔能力はないものの，他の生物のあけた穴を巣穴として利用する生物たちもいます。サンゴヤドカリはカンザシゴカイのあけた穴（棲管）を利用します。

① 海綿動物クリオナ

　化学的にサンゴを溶解する代表格は穿孔性海綿のクリオナ *Cliona* です（図5-1-5（上））。糸状仮足（フィロポディア）という組織を使って，両手で砂をすくい上げるようにサンゴ骨格を酵素で溶かし，基盤からチップ状にして切り出し，チップを出水口から外に放り出す実に効率的な方法で掘り進みます。誰にも見られない穴の中で細かい掘削作業をしている海綿ですが，黄や橙の目立

図 5-1-5　（左上）穿孔性海綿のクリオナ *Cliona*（オレンジ色）。
　　　　　（左下）塊状ハマサンゴを縦に割った断面。上側の約 3mm の褐色部分が生きているサンゴの部分。その下の緑色の場所は穿孔性糸状緑藻のオストレオビウム *Ostreobium*。
　　　　　（右）カンザシゴカイの全体像。

つ色を呈しています。穴の中なので防御の必要もなさそうですが，針のような細長い骨片も持っています。外見ではわかりませんが，サンゴを割って黄色やオレンジの穴があればこの海綿の仕業です。クリオナの地道な穿孔によって大きなサンゴ骨格も時間とともに骨粗鬆症のようになって内部からぼろぼろとなりその形を失っていきます。

② 緑藻類オストレオビウム

穿孔性の糸状緑藻オストレオビウム *Ostreobium*（図5-1-5（左下））は，サンゴ組織のすぐ下に分布し緑色をしているのでサンゴを割ると比較的容易に見つけることができます。ほの暗い環境でも光合成を行えるように適応し，サンゴが排出する栄養塩の一部を利用して生活しています。サンゴの成長に合わせて上方に移動していきます。オストレオビウムと同様に緑色のバンドを作る緑色硫黄細菌のクロロビウム *Chlorobi* もサンゴ骨格から報告されています。

③ 生きた"シールドマシン"ホシムシ

星口動物のホシムシは，ミミズなどの環形動物に近い生物で，砂の中や岩の隙間などに棲息していますが，石灰岩に穿孔するものもいます。体の途中にある硬いやすり状の瘤（盾状部）を用いて機械的に削りますが，酵素（炭素脱水酵素）を用いた溶解も併用しています（図5-1-6）。

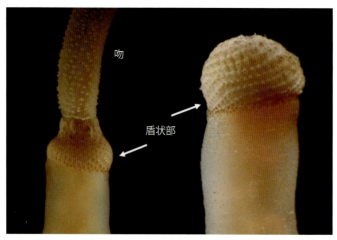

図5-1-6　穿孔性ホシムシ。やすりのような盾状部を用いて掘り進む。左は吻（ふん）を伸ばした状態。

§5 サンゴと共に生きる

図 5-1-7 有藻性の単体サンゴ，ムシノスチョウジガイ（上）とスツボサンゴ（下）の骨格標本。ホシムシが棲んでいた穴が下面に見える。右上のムシノスチョウジガイは長径 1.2cm，ホシムシの穴は直径約 1mm。

　ムシノスチョウジガイの殻とスツボサンゴの体にはほぼ裏側に穴が空いています（図 5-1-7）。生きている時はミミズのような形のホシムシが棲んでおり，砂の中の有機物を食べています。このホシムシが砂の中を進んでいくため，サンゴは引きずられて移動します。ホシムシは貝殻等に穿孔しているのですが，その貝殻の上に着生したサンゴの幼生が成長して大きくなるため，このような奇妙な組み合わせになります。ホシムシにとっては安全な住処が得られ，一方のサンゴにとっては不安定な砂泥でひっくり返っても引っ張り起こしてくれるホシムシの役割は重要です。

④ **サンゴの隙間に潜むシャコガイ**
　シャコガイもサンゴと同じように褐虫藻を共生させているので褐虫藻のある外套膜，すなわち腹側を光が当たるように上に向けています。反対側（下側）には強靭な足糸があり穴の真下の基盤にしっかりとくっついています。下方の蝶番（ちょうつがい）の隣には隙間があり，そこから外套膜を出して岩に拡げて密着し酵素で

第3部　サンゴと多彩な生き物たち

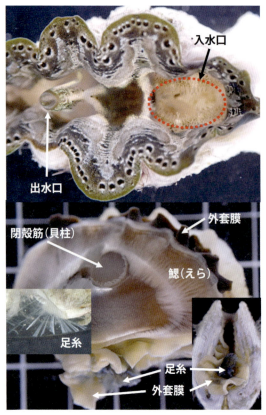

図 5-1-8　シャコガイの体の作り。右下の足糸はわかりやすいように固定後に染色した。

溶解しています。他方，二枚の殻を動かすことによって石灰岩を機械的に削りとります。動いて削るときには足糸でしっかり踏ん張っているので効率の良い方法です（図 5-1-8）。

§6 サンゴを殺す生き物

6-1 サンゴを食う動物

(1) 骨格ごとかじる魚たち

　サンゴ礁のカラフルな魚の中で，大きさと数で代表と言えるのはブダイでしょう。オウムのような嘴(くちばし)でサンゴをかじるので，英語でパロットフィッシュ（parrot fish，オウム魚）と呼ばれます。上下の歯でかじるのでサンゴには特

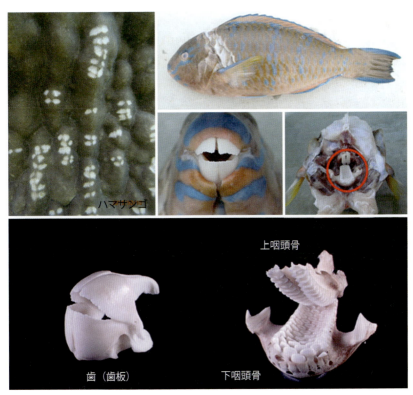

図 6-1-1　ブダイにかじり取られた塊状ハマサンゴ群体。ヒブダイ（魚屋から購入，モリで突かれたものなので胸びれの上に傷あり，体長 35cm）。下は，これを解剖して取り出した歯および咽頭歯。

徴的な傷ができます。どんなサンゴでもかじるのではなく，ハマサンゴのような比較的骨格の軟らかいものを好んで食べます（図6-1-1）。

　サンゴの生きている組織は表面から数ミリメートルの深さなので浅い傷の場合，下の方に生き残ったサンゴ組織がまた再生することもあります。ハマサンゴでも平坦な表面よりでこぼこした箇所が，やはりかじりやすいのでしょう，山になった場所に食痕が多く見られます。ブダイはかじったものをそのまま飲み込んでいる訳ではありません。その奥にある咽頭歯という上下の臼のような骨ですり潰します。咽頭歯の周りには分厚い筋肉があり，強力なすり潰しを可能にしています。他に咽頭歯を持っている魚にはコイがいます。池で歯のない口をパクパクさせて愛嬌がありますが，エラの近くの喉の奥には堅いモノでもすり潰せる強力な臼を持っており悪食な魚です。

　ハマサンゴの表面にはブダイがかじった跡とは異なる模様もありました。円形のものを初めて見た時はサンゴの感染性の病気ではないかと疑いましたが，これはニザダイ科の魚の食痕です（図6-1-2）。映画「ファインディング・ニモ」に出てくる青い魚「ドリー」はナンヨウハギですが，「○○ハギ」と呼ばれる魚の一群がニザダイの仲間です。ニザダイの食痕は骨格にはほとんどダメージがなく，時間とともにサンゴも元の色に戻っていきます。

図6-1-2　魚によるサンゴの食痕。1.・2.ハマサンゴ。3.コモンサンゴ。4.リュウモンサンゴ。

§6 サンゴを殺す生き物

　スズメダイの仲間で自分好みの海藻畑を作っている種類は，畑を拡張するためにわざとサンゴをかじって傷をつけるものもいます。その傷の上に付く海藻の中で食藻になるものだけを選別して畑を管理しています。10cmにも満たない小魚ですが，マイガーデンへ進入する者に対しては，例え相手が人でも果敢にアタックしてきます。

　チョウチョウウオの仲間でサンゴのポリプをついばむものがいますが，1つついばむと周りが縮むので他のサンゴ群体に移動します。

　その他のサンゴをかじる魚たちには，ベラ，カワハギ，フグ，ハリセンボン，ツバメウオなどがいます。

(2) オニヒトデはベジタリアンだった？

　オニヒトデは，棘皮動物（ウニ，ナマコ，クモヒトデ，ウミシダ，ヒトデ）のヒトデ類に属します。棘皮動物はいずれも5を基本とした形態で，また管足という吸盤機能を持つ無数の長い足をたくみに操って移動し，物（餌）にしがみつきます。ヒトデ（starfish）は5放射相称，いわゆる5本腕が多いですが10本以上の腕を持つヒトデもいます。着底したてのオニヒトデの赤ちゃんも5本腕ですが，腕の数は成長するにつれて数を増し10～20本に，体長は最大60cmにもなります。オニヒトデは英語でCrown-of-thorns starfish（コッツ，COTs）と呼ばれ，まさに茨の冠ヒトデです。遺伝子解析の結果，太平洋やインド洋など地域によって4つのタイプに分かれます。

　オニヒトデは雌雄異体で沖縄では6～7月頃に放卵放精し，幼生は浮遊生活を送り，変態後に着底して稚ヒトデとなり，冬には約1cmの大きさにまで成長します。稚ヒトデの餌は石の表面に生えている石灰藻という海藻なので，稚ヒトデはベジタリアンです。しかし，さらに成長すると動物のサンゴを食べる肉食に嗜好が変わります。栄養たっぷりのサンゴを食べはじめるとぐんぐん成長します。一般的に直径10cm以下は植物食です。15～20cm位（生後約2年）で成熟個体となります。

　産卵数は極めて多く1匹が数百万個から数千万個の卵を生産できます。そのため，ほんの少し生き残る確率が高くなると大発生につながります。大発生の一つの目安は10m四方に成体が15個体以上見つかる場合です。浮遊幼生時代の餌となる植物プランクトン（数マイクロメートルのケイ藻や緑藻他）の量が多いと幼生の生残率が上がります。すなわち植物プランクトンの成長に必要な栄養塩が多い（陸域から汚れた水が海に流れ込む）とオニヒトデの大発生につながります。

一方、石垣島と西表島の間に広がるサンゴ礁海域の石西礁湖(せきせいしょうこ)でDNA判定技術を用いた解析の結果、オニヒトデ幼生の高密度集団（53.3匹/m³）が検出されましたが（Suzuki他, 2016）、栄養塩は特に高くなかったということであり、環境要因と大発生のメカニズムの関係の解明が待たれます。オニヒトデの寿命は7〜8年と見積もられています（岡地, 2011）。

棘皮動物は皮の固さを自由に変えられるため、がちっと固まると石のようになりますが、軟らかくなると岩やサンゴの隙間に難なく入り込むこともできます。オニヒトデの背側の長い棘は一本ではなく、途中に関節のようなものがあります。ヌンチャクから槍に自在に変化するわけです。それ以外にこん棒状やへら状の棘、はさみのような叉棘(さきょく)も持っています（本川, 2008）。

サポニンは植物が生産する化学物質で、痰を切る薬として使用されることがある薬理成分です。動物では珍しくオニヒトデを含め棘皮動物の多くは、サポニンを持っています。えぐみがありまた発泡作用もあるため、他の生物に食べられない化学防御の役割があります。

ウニは海藻をかじり取るため、しっかりした口（口器）を持っていますが、オニヒトデにはありません。サンゴを食べる時は胃袋を反転させて体の外に出

図6-1-3　オニヒトデ。1. 小さい方は直径約1cm。2. サンゴから引きはがした直後、胃を反転させて出している状態。3. 管足。4. サンゴ組織は消化され、粘液も出してドロドロ状態。（稚ヒトデは阿嘉島臨海研究所にて撮影）

し，消化液でサンゴ組織を溶かしジュレ状態になったサンゴ組織液を吸収します（図6-1-3）。食事中の個体を棒などで引っ張りサンゴからメリメリと剥がすと，反転していた胃袋を見ることができますが，シャッターチャンスは10秒くらいで，(図6-1-3) すぐに腕を内側にまるめて棘だらけの腕で防御します。同時に胃袋を体内に収納し始めます。生きたまま消化されているサンゴ虫はドロドロ状態ですが，しっかり消化されると骨格だけになり，かじり跡やすり切れた傷もなく綺麗な白い骨格だけが残ります。1日あたり自分の体と同じ面積のサンゴを食べるので直径1m位のテーブル状のサンゴが数週間で死んでしまいます。どんなサンゴでもむさぼり食う悪食なヒトデの印象ですが，嗜好性がありミドリイシやコモンサンゴの仲間が美味しいようでハマサンゴ類はあまり好みではありません。しかし食べないということではありません。

（3）サンゴ食の巻貝レイシガイダマシ

　レイシガイダマシ属 *Drupella* は小さなサンゴ食の巻貝で5種類います。瀬底島ではシロレイシガイダマシがもっとも多い種類です。殻の表面がでこぼこした形状がフルーツのレイシ（荔枝）に似ているのが和名の由来です。表面には石灰藻などが付いているので岩や礫と区別がつきにくく目立たない存在です。

　雌雄異体ですが外見上区別はつきませんが，歯舌の形態が雄と雌で異なります（性的二型）。陸上のカタツムリと同じで海の巻貝も海藻などをかじり取るための歯舌を持っています。レイシガイダマシの仲間も歯舌でサンゴの軟らかい組織をこすり取って食べます。歯舌はキチン質で硬く細かい歯が横に並び，すり減ると捨て，後ろから新しいものがせり出してくるので摩耗することのない，やすりやおろし金のようです。シロレイシガイダマシの歯舌を取り出して観察したところ，幅が0.2mmで長さが1cmもありました。横1列に並んだ

図6-1-4　サンゴ食のシロレイシガイ。1.テーブル状のミドリイシを集団で捕食中(48匹)。2.歯舌。3.腹側から見た様子。シャーレに張り付かせて撮影。

中歯は，ホオジロザメの歯のように三角形でした。列の両側には細長い毛のような外側歯（扇状歯）があり，軟らかいサンゴ組織をこすり取った後のサンゴ・スムージーを逃さず，ほうきで掃き取って飲み込む様が浮かびました。

　レイシガイダマシは主に夜間に活発にサンゴを食べます。サンゴの刺胞に刺されないように特殊な粘液を出しているとの報告もあります。サンゴを食べるだけでなく，サンゴの病気（ブラウンバンド病）を他のサンゴに運んで感染させる運搬屋（ベクター）になるという報告もあります。オニヒトデを1匹退治するとそれなりの重量感と達成感がありますが，この貝は小さく目立たない殻模様なので見つけにくく，しかもサンゴの枝の中にいると取りにくいのでピンセットが必要になり労力の割に達成感は少し乏しくなります。温帯域では（三宅島など），レイシガイダマシの数が多くサンゴへの脅威となっています。

　ところで，レイシガイダマシは巻貝なので食べられるのでは？　とよく聞かれます。私は食べたことがありませんが，経験者に聞くと苦くてまずいとのことです。またアクキガイ科の仲間なので殻は厚く固いというのも遠慮したくなる理由です。たかだか2～3cmの小さな貝ですが小形のハンマーではなかなか割れません。

(4) 吸血貝？　クチムラサキサンゴヤドリ

　レイシガイダマシと同様にサンゴを餌としている巻貝に，クチムラサキサンゴヤドリがいます。サンゴ側に付着して誰にも見られることもないものの殻口のまわりは紫で目立ちます。この貝は確かにサンゴにへばりついてサンゴ組織を餌としているのですが，ホームポジションから動きません。この貝は歯舌がなく，サンゴの体液を吸っているようです。大繁殖することもなく問題になりませんが，サンゴにとっては気持ちのいいものではないでしょう。

(5) 新種発見か！　ミノウミウシ

　サンゴ礁の魚やウミウシの仲間はカラフルで可愛らしく人気があります。昭和天皇もウミウシを研究されていたほどです。ウミウシの仲間は腹足綱裸鰓目（らさいもく）に含まれ多くが肉食で，餌となる生物が決まっていることがほとんどです。中には刺胞動物を食べてその中の未発射状態の刺胞を背中のミノに蓄え，ちゃっかり自分の防御に利用するものがいます（盗刺胞と呼ぶ）。同様に餌生物の持つ共生藻を自分のモノにして光合成生産物を得るウミウシもおり，ただ者ではありません。

　海中でサンゴを食べているミノウミウシを見つけました。コモンサンゴのポ

リプを頭を突っ込んでムシャムシャ食べていました。シロレイシガイダマシと同じように歯舌でサンゴの組織をこすりとり食べていると思われます。秋に出現して卵を産み，そしていつの間にかいなくなってしまい，また翌年見かけます。大繁殖する訳でもないのでサンゴ全体への影響はほとんどないのですが，気になる存在です。本種は体長数ミリメートルで地味，ミノも少し変な形です。専門家に見てもらっていますが新種の可能性があるとのことで，少しキモかわいく思えてきて，結果を楽しみに待っているところです。

図6-1-5 ハマサンゴ上のクチムラサキサンゴヤドリをひっくり返したもの（左）とコモンサンゴ上のミノウミウシの一種（体長約3mm）。

6-2 サンゴを駆逐する海藻とシアノバクテリア

（1）温暖化でサンゴは海藻に換わる

　サンゴ礁のイメージから，海藻はあまり目立たないマイナーな存在の印象が強いですが，冬から春にかけてアオサ，イバラノリそしてモズクと食用となるものを含め多くの大形海藻が繁茂します。肉眼ではわかりにくいものの，単細胞の付着ケイ藻や微少な糸状藻類もいたる所で観察されます。

　海の中に新たに出現した何も生物が付いていない場所にはすぐに微細な藻類が付着を始めるため，サンゴが死ぬとその骨格は格好の付着基盤となります。オニヒトデの捕食あるいは白化現象等の後に露出したサンゴ骨格は，しばらくすると付着ケイ藻等で黄褐色になり，次いで微細な緑藻や紅藻等に置き換わり，その後は石灰藻やより大形の藻類が鎮座することもあります。今後の二酸化炭素濃度の上昇あるいは海洋酸性化は藻類の光合成に有利となるため，サンゴが衰退した未来の（サンゴ）礁は海藻が繁茂した海藻社会に置き換わると予測されています。

（2）海藻との生存競合

　サンゴや大形生物のいない岩や礫の表面を拡大して覗いて見ると，様々な生物がひしめいています。ブダイ等の魚が岩をかじり取って食べている光景を見ることがありますが，もちろん岩を餌にしているのではなく，その表面に生えている髪の毛のような糸状の小さな藻類を食べているのです。富栄養化した海では，岩だらけで不毛に見える場所でも，草食性の魚が入らないように網で囲っておくと，やがて海藻の繁る海になることがあります。魚のせいで，糸状藻類から次の段階に進めないだけかもしれません。

　そのような海域では殖えた海藻とサンゴとの間で，陽の光と生活する空間を求めて競合が起こります。海藻が直接触れるとサンゴが変色したり死亡する場合もあります。それはある程度の大きさの藻類が備えている，海藻を食べる動物たちへの防御手段が原因です。例えば，食べられにくいように表面に石灰を沈着させることもあれば，有害な物質を含むこともあります。海藻は様々な生理活性物質を生産しますが，それらの中には他の生物に対して毒性を持つものがあり，テルペノイドやアルカロイド化合物がその代表です。これらは抗菌作用や芳香があるので私たちはアロマとして使用することもありますが，サンゴにとっては刺激が強すぎるようです。

（3）単細胞植物のケイ藻との競合

　サンゴ群体はそれなりの大きさがあるので，成体にとって微細な藻類は競合相手となりません。しかし，プラヌラ幼生にとっては，たとえ1mmの藻類でも大きな脅威となります。生活に適した岩場などに微細藻類が先に陣取ってしまうとプラヌラ幼生は敵わず，適地を見つけて這い回る必要があります。では適地に全く生物がいなければ良いのかというと，そうでもなく，プラヌラ幼生はなかなか定着しません。空き地としてのスペースとそこに棲む細菌がセットになっていなければなりません。幼生を定着させる実験を行う際は，予め基盤となる石を海水に浸し，幼生の好みの場所となるように定着しやすい環境を準備しておく必要があります。

　主要な植物プランクトンのケイ藻類は一次生産者として多くの動物プランクトンなどの餌になり海洋の食物連鎖を支えています。ケイ藻類はガラス（二酸化珪素）の殻を持ち沿岸域，つまり造礁サンゴとは棲む場所で競合する関係にあります。海中を漂いながら適当な空き地があればすぐに付着することができ，試しにサンゴの骨格を海中に入れておくと1日もたたないうちにケイ藻の付着を確認できます。

§6 サンゴを殺す生き物

　この小さな付着ケイ藻が生きているサンゴ組織を苦しめ，場合によっては死に至らせることがあります。冬場に急に水温が 17℃以下に下がり，サンゴの軟組織が収縮してほんのわずかでも骨格がむき出し状態になると，付着ケイ藻が粘液状物質を出して定着し，足場を固めて繁茂し始めるのです。特にオウギケイソウ等は多糖類の枝を伸ばしながら分裂成長していくのでサンゴは振り払うこともできず，次第に弱っていきます（図 6-2-1）。

図 6-2-1　付着ケイ藻に覆われるサンゴ。1. 枝状のコモンサンゴ。2. アオサンゴ。薄緑色のものは全て付着ケイ藻。3. 枝状のコモンサンゴ。4. オウギケイソウ *Licmophora*。

（4）シアノバクテリア・テッポウエビ連合

　シアノバクテリア cyanobacteria はラン藻と呼ばれることもありますが細菌に属します。36 億年前の酸素のほとんどない時代に出現した，葉緑素（クロロフィル a）を持ち光合成によって酸素を生産してくれる光合成細菌です。他の生物（ソテツ，浮草，海綿，ホヤなど）の組織の中に入り込み共生関係を構築するものもいます。

　シアノバクテリアはサンゴ礁の海中，岩の表面，砂の中からサンゴの表面やポリプの胃腔の中，果ては骨格の中まで，ありとあらゆる場所に棲息していま

105

第3部 サンゴと多彩な生き物たち

図6-2-2 シアノバクテリア
1. オーストラリア西海岸ハメリンプールのストロマトライト（写真提供：新垣裕治）。
2. 中城の海岸で大量発生したリングビア *Lyngbya*。
3. ソフトコーラルのアミメヒラヤギにからむ *Moorea*。
4. *Moorea* から共生エビを除去して1週間後，エビ無しの *Moorea* は脱色しほとんど崩壊状態。
5. *Moorea* と共生するツノナシテッポウエビ。
6. 多数の細胞が鞘の中に一列に並ぶ。7. アミメヒラヤギに穿孔していた部分，末端が膨らみアンカーとなっている。

　す。シアノバクテリアの中には大気中の無機窒素を取り込んで還元し，アンモニアとして固定できる種類があり，栄養塩の少ないサンゴ礁の窒素循環に貢献しています。

　しかし，海が富栄養化するとシアノバクテリアが大発生することがあります。下水処理場の排水が流れ込んだフロリダ沖やグアノ（サンゴ礁に海鳥の死

§6 サンゴを殺す生き物

骸や糞などが数千年から数万年堆積して化石化したもので肥料となる）の採掘を行っているオーストラリアのサンゴ礁で大発生が起き，サンゴを覆い尽くして駆逐したとの報告があります。

沖縄のサンゴ礁でもシアノバクテリアがサンゴを覆い殺す事例が出てきました。慶良間諸島阿嘉島の水深約 20m の岩に八放サンゴのアミメヒラヤギの群

CORAL ＊ COLUMN　　　　　　　　　　　　　　　コーラル＊コラム

サンゴ礁の音色　波と天ぷら

サンゴ礁では外洋に面したリーフ（礁）で波が砕ける音，礁の内側の波あるいはより岸近くの渚の寄せては引く音など様々な音を聞くことができます。潮騒と表現することもあります。

水の中に入って耳を澄ますと魚がサンゴあるいは岩をかじる音，岩の隙間などどこからともなく出てくる泡の音なども聞き取ることができます。たまに「パチッ」と聞こえるのはテッポウエビの威嚇の音です。テッポウエビが沢山いる場所では，あちこちで油が飛び跳ねてまるで天ぷらを揚げているようです。これをテンプラノイズ tempura noise と呼びます。サンゴ礁の天ぷらとは，のどかな印象ですが当のテッポウエビはなわばりを守るためせわしく音を出しているのです。

実際は音というより，指を勢いよく閉める際に生じる衝撃波（shock wave）です。

大きなテッポウエビの場合，うっかりすると皮膚に触れずとも衝撃波で出血するほど切れることがあります。妖怪カマイタチの旋風で傷ができるのと同じです。

肉食の大形のテッポウエビの場合，少し離れた場所から衝撃波で餌を殺すこともあります。ピストルシュリンプ，スナッピングシュリンプ（指パッチン），テンプラシュリンプとも呼ばれ，どれも特徴をよく捉えています。

(左)ツノナシテッポウエビは太い腕を勢いよく閉じて衝撃波を出す。
(右)アミメテッポウエビ，卵を抱えたメスとオス。

落があり，ダイビングスポットとなっています。この群体上に靴下のようなシアノバクテリア *Moorea* の塊がからみソフトコーラルを壊死させました。このシアノバクテリアは多くの細胞が鞘の中に連なり髪の毛の様に細長いため肉眼でも確認できます。

　実はこのシアノバクテリアを巣として利用し，同時に餌としているテッポウエビがシアノバクテリアをサンゴに結わえて外れないようにしていたのが原因でした。この共生関係は古くから知られており，通常はサンゴのがれきの下の方でひっそり暮らしていることがほとんどです。それがなぜここでサンゴを殺すほど繁茂したのか謎は解けていません。

　一方，新しい発見もありました。このシアノバクテリアは穿孔（せんこう）能力を持っており，アミメヒラヤギの枝に潜り込んだ末端はまるで髪の毛の毛根のように膨らんでしっかり外れないよう工夫されていました。このエビにとってはシアノバクテリアでできた袋はお菓子のお家のようなものなのです。サンゴからシアノバクテリアが離れないようにあちこちで枝に結わえ，近づく敵にはハサミを鳴らして作りだす衝撃波で威嚇します。サンゴ礁を守るダイバーたちが人海戦術でシアノバクテリアの塊を定期的に除去していますが，いたちごっことのことです。

（5）サンゴを殺す海綿　テルピオス

　テルピオス（*Terpios*）海綿は 1970 年代にグアムで確認され，80 年代に日本から新種として記載デビューしました。現在，琉球列島のほとんどの海域で確認されています。サンゴのみならず海底を広く覆いつくすこともあるので，当初はサンゴ礁が壊滅するのではと懸念されていましたが，散在して分布するものの大発生することはこれまで国内ではほとんどありませんでした。

　テルピオスは国内にとどまらず，国外でも拡がっています。2010 年にはオーストラリアのグレートバリアリーフでも確認されました（Fujii 他，2011）。台湾ではテルピオス海綿が広く覆い尽くす場所があり大きな問題となっています。

　テルピオス海綿には球状のシアノバクテリアが無数に共生するため，有藻サンゴと同じようにシアノバクテリアが放出する光合成産物を得て速く成長することができます。

　海綿動物は卵と精子が受精して発生しますが，その途中で親の細胞にあるシアノバクテリアを受け取ります（垂直伝播）。テルピオスの幼生はしばらく保育されて満月の後に放出されます（Nozawa 他 ,2016）。末端がサザエさんの髪型に似ている特徴のある骨片を持っていることから，容易にテルピオス種

Terpios hoshinota であるかどうかが分かります。

　テルピオス海綿が拡がり始める際には先発隊の細長い組織を伸ばします。体色は群体表面に無数の砂粒を取り込むため，全体として白みがかった灰色に見えます。厚さ 1mm 程度の薄っぺらな海綿ですがなかなか手強いです。テルピオスがサンゴと接している場合，その境界ではサンゴの組織が白く変色しているため，有毒な物質を出してサンゴを殺していると考えられています。

図 6-2-3　テルピオス海綿（瀬底島）
1. 灰色の海綿がサンゴを覆っている。
2. 細長い枝状組織を伸ばして拡がり始めた海綿。中央は元サンゴの枝。
3. サンゴを殺しながら進む。白くなっている場所はサンゴが死んで骨格があらわになっている状態。
4. 共生するシアノバクテリア。
5. 海綿の骨片。

6-3　サンゴの病気

（1）拡大する病気

　ヒトは様々な病気にかかります。ヒト以外の動植物も同様です。見た目に悪そうながら本体の死につながらないもの（ヒトのイボやホクロ等）は，ここで

は病気に含めないことにします。また，病気なのだけれども原因がよくわかっていないものをシンドローム（症候群）とくくることがあります。サンゴも病気になりますが，そのほとんどは細菌による感染症です。

　最初のサンゴの病気はブラックバンド病（BBD, Black Band Disease）と呼ばれ，1960年代から知られていました。当時はサンゴ唯一の致死性の病気で，大西洋のカリブ海のみで知られていました。BBDは，今や世界中のサンゴ礁で見られます。日本では奄美大島あたりまで広がってきました。原因はシアノバクテリアおよびその他の細菌（硫酸還元菌他）が集まった細菌の集合体です（図6-3-1）。

　シアノバクテリアはコンブなどが持つフィコシアニン色素を持っています。コンブやワカメが緑色をしていないのは，緑色のクロロフィルよりもこの茶系の色素が多いためです。BBDの箇所では髪の毛のような茶色がかった繊維状のシアノバクテリアが折り重なっているため肉眼では黒く見え，生きているサンゴとの境界が黒い帯状になるためブラックバンド病という名前が付きました。

　また，より悪性のホワイトシンドロームが和歌山の串本まで分布し拡大を続けています（図6-3-2）。

（2）病気の原因と対応

　サンゴの病気のほとんどは細菌ですが，ほかにカビが原因の病気も報告されています。カビやキノコは真菌類（真核生物）で細菌（原核生物）ではありません。黒麹はお酒を造る時に必要な身近なカビですが，サンゴにとりつくのも同じアスペルギルス属です。

　これらの細菌や真菌は大昔から海に流れ出て，あるいは空気中を舞って海に届いていたものなので，近年のサンゴの病気は菌だけでなく，環境変動等の要因も加わった複合的な原因と考えられます。すなわち，海水温度の上昇，陸域からの様々な物質による汚染（窒素やリンを含む栄養塩），海水の濁りなどです。水温上昇はサンゴにダメージを与え，細菌類にとっては活発に活動できる好適な環境になっています。

　ヒトは細菌等の異物が侵入すると，様々な血球等が感知し，お互い情報を伝え，最後は飛び道具の抗体を設計し生産して立ち向かう，高度な免疫防御システムが稼働します。一方，サンゴの場合は組織内に進入した異物をアメーバのように動き回っている大食細胞（貪食細胞，マクロファージ）が食べて立ち向かうしかありません。一旦，細菌が組織に侵入・繁殖すると処理が追いつかず

やられっぱなしとなります。サンゴの組織内では大食細胞以外にも，活性酸素や硫黄化合物などを作り出して防御する手段はありますが，サンゴの種類によって強弱はあるものの，爆発的に分裂して増える敵に手の打ちようがないのがほとんどです。

ところが，細菌性感染症に抵抗力を持つサンゴの事例も報告されています。私たちは腸内細菌のバランスが崩れると体調が悪くなったりするため，腸内の善玉菌を増やすべくビフィズス菌や乳酸菌の入った食品や，オリゴ糖など善玉菌の餌となる食べ物を食べます。これは腸内細菌を整える，プロバイオティクス probiotics という考え方に基づいています。サンゴの場合も同様で善玉菌の代表として近年 *Endozoicomonas* が注目されています。

水槽内で飼育しているサンゴなら治療は可能です。抗生物質を海水に溶かすことで細菌性の病気なら治癒できることもあります。善玉菌を投入することも可能です。しかし，はてしなく空間が拡がり水の流れる海中では応用できません。病変部を切除したり粘土で覆うなどの局所的な治療はできますが，人海戦術にも限界があります。サンゴに適した水温で陸域からの汚れや化学物質のない綺麗な海水環境を取り戻すことが一番なのです。

(3) 病気の種類

世界中でサンゴの病気の種類は増え続け，特に1990年代以降は急激に増加しています。高水温が続いてサンゴが白くなる白化現象も広義の環境性疾病としてくくられることもあります。1960年代にはブラックバンド病（BBD）1種類だったサンゴの病気は，今では20種類以上となっています。そしてBBDはあっという間に世界中のサンゴ礁で見られるようになったことが確認されています。大西洋ではサンゴの種類が少なく，大西洋を代表するミドリイシの一種（ヘラジカサンゴ elkhorn coral, *Acropora palmata*）がたった1種類の腸内細菌（セラチア菌 *Serratia*）の感染によって，瞬く間に8割が消滅しました。この細菌は人畜の腸内や排泄物に含まれ，体調が悪い高齢者の院内感染で問題になったことがあります。

インド太平洋からグレートバリアリーフではホワイトシンドロームが猛威を振るっています。日本国内では，2000年以降に悪性の病気のブラックバンド病とホワイトシンドロームが八重山のサンゴ礁で初めて確認されました（環境省の調査による）。その後あっという間に拡がりました。それらに加えて，ハマサンゴ潰瘍性白斑，ブラウンバンド病などの致死性の病気も確認されています。次からは国内におけるサンゴの病気をいくつか紹介します。

① ブラックバンド病（BBD）

　サンゴの病気の原点と言われ，1970年代まではカリブ海のみで知られていたBBDは現在，日本，東南アジア，オーストラリア，インド洋，紅海，ハワイとほとんどのサンゴ礁で確認されています。2013年，琉球大学の臨海実験所がある沖縄島北部の瀬底島の周囲35か所を調べたところ，34か所でBBDを確認することができました。さらに，沖縄島周辺では無人島や離礁でも見つかっています。人間活動の影響というようなことではなく，どこでも発生する蔓延状態と言ってもよいかもしれません。

　この病気は1日当たり約2mmずつ進行し，サンゴ組織を壊死・分解していきます。BBDは光合成能力のある細い糸状に連なるシアノバクテリアや硫酸還元菌という硫化水素を発生する菌など複数の菌が混在した群れを形成しています（図6-3-1）。この病気に冒されたサンゴからはいわゆる卵の腐った臭い

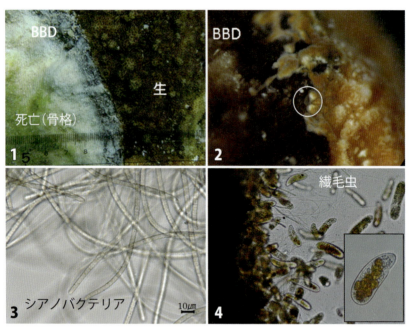

図6-3-1　1. ブラックバンド病（BBD）に犯されつつあるコモンサンゴ。
　2. サンゴの組織は分解され，壊死が起きている。円内ではサンゴのポリプの白い触手が2個だけ残っている。
　3. 黒いバンド部分の顕微鏡写真，糸状のシアノバクテリア（直径5μ）が無数にある。
　4. 溶けたサンゴ組織にたかる繊毛虫類。サンゴの褐虫藻も食べている。

がし，サンゴの組織が細菌によって分解されていることを実感することができます。病気の箇所を他の健康なサンゴに接触させると感染することがありますが，その感受性はサンゴ種により様々です。

　この病気の進行を止める方法がいくつか考えられています。その方法は，1)粘土で覆う，2)暗がりに10日入れて光合成能力をブロックする，3)削り取る等があります。BBDの進行を促進する要因としては，高水温，光，栄養塩などがあります。真冬はBBDを探すのに多少苦労しますが，ゼロではありません。そして水温が上がり始める春先からあちらこちらでBBDは顔を出します。

　沖縄ではコモンサンゴ類の罹患率が圧倒的に高く，その他テーブル状のミドリイシや塊状のアナサンゴなどにも見られます。地球温暖化による高水温や陸域からの汚れた水はこの病気を拡げる原因になります。多くの研究論文が出ているものの未解明な点が多々あり，研究対象としてはたいへん興味深い病気です。

② ホワイトシンドローム（WS）

　この病気を前述のBBDと比較しながら述べます。WSに罹患した箇所が白く見えるのでこのような名称になっています（図6-3-2）。この病気は1日当たり約2cmずつ進行するため，BBDの10倍もの速い速度でサンゴを殺します。オーストラリアのグレートバリアリーフではサンゴの死亡の一番大きな原因と言われています。沖縄でも八重山や慶良間で大量に発生して大きなダメージとなりました。

　近年の研究から，原因菌はビブリオ *Vibrio* という腸内細菌であるという報告がいくつか出されています。原因菌が同定された場合，シンドローム（症候群）から病気に格上げになるのですが，WSはそのままシンドロームの名称が使われています。

　WSの進行を促進する要因として，高水温説と濁り説がありますが，水温は無関係という報告もあり，実際に温帯域（宮崎県）で周年確認されることを考えるとBBDに比べて水温の影響は小さいようです。2014年に宮崎県の日向灘のサンゴにWSが爆発的に増え，ミドリイシの仲間の大量死が起こりました。この時期の水温は平年より低かったのに対し台風の襲来が多かったので，海水の濁りが促進原因という説も一定の説得力があります。原因菌については遺伝子解析を始めたところですが，国内のWSもビブリオ菌が濃厚ではと考えています。

第3部　サンゴと多彩な生き物たち

図6-3-2　直径約1mのテーブル状エンタクミドリイシ群体に出現したホワイトシンドローム（宮崎県，2014年12月），右は6日後の写真。中央部はもともとサンゴの組織がなかった場所。（写真提供：福田道喜）

③ ホワイトスポットシンドローム

　ホワイトスポットシンドロームはサンゴの病的現象の一例として2009年に日本国内から報告され，その後，高知県や和歌山県でも確認されるようになってきました。原因はまだ不明のため，ホワイトスポットシンドロームという名称です。

　図6-3-3は宮崎県のオオスリバチサンゴというその海域で多く見られるテーブル状のサンゴです。群体の表面に現れた直径約1cm弱の白斑が群体全体に拡がるとサンゴは死にます。

　夏場に増え，水温の低下する冬場に少なくなります。なぜ他の細菌感染のように帯状に拡がっていかないのか，サンゴを部分的に白化させる過程など不明な点があります。日本から初めて報告された喜ばしくない事象です。

図6-3-3　オオスリバチサンゴのホワイトスポットシンドローム。褐虫藻密度が低下し直径1cmの白い斑点状になる。（写真提供（左）：福田道喜）

§6 サンゴを殺す生き物

④ ブラウンバンド病（BrB）

　茶色の帯が特徴ですが，オニヒトデ等によって部分的に捕食された，あるいはその他の原因でサンゴの一部が死んで骨格が露出したものと見間違いやすいため気づきにくい病変です。（図6-3-4）褐虫藻を持つサンゴの生きている部分と，同じ褐色（茶色）をしているブラウンバンドとの区別は容易ではありません。図6-2-8は緑色のミドリイシ群体に生じたため，茶色のバンドがわかりやすく見えます。バンド部分の茶色はサンゴの色ではなく，サンゴを摂食した繊毛虫の体内にある褐虫藻の色に他なりません。無数の繊毛虫がサンゴを食べている様は悲惨ですが，繊毛虫がこの病気の原因ではないようです。

　1日に2〜10cmの速さでサンゴが死亡するとの報告があり，しかもサンゴ礁の優占種のミドリイシ類が主に感染するので要警戒の感染症です。

図6-3-4　コユビミドリイシのブラウンバンド病（BrB，矢印）。（右上）サンゴの褐虫藻を摂食したため，繊毛虫が密集した場所は茶色の帯状となる。（右下）褐虫藻は紫外線を当てるとクロロフィルの赤い蛍光を発する。

⑤ 骨格の異常成長（腫瘍）

サンゴ群体の表面に周りとは異質な，褐虫藻密度の低い瘤状の塊ができることがあります。（図6-3-5）1970年代に既に報告があり，腫瘍と呼ばれることもありました。特徴は塊以外の特徴がないことかもしれません。サンゴの種類や群体の形にかかわらず，塊状サンゴでも枝状サンゴでも盛り上がった形になります。

見た目に気持ち悪いのですが，サンゴには全く影響がない場合のものから，サンゴ組織を殺してしまうものまで様々です。サンゴの種類によって感受性が異なるようですが，未だにその原因はわかっていません。

私はコモンサンゴを用いて観察を行いましたが，コモンサンゴの場合は骨格が脆く骨粗鬆症のようになり，生殖巣が作られず，成長は速いものの栄養失調状態に陥っていることがわかりました。

図6-3-5 （左）大きな塊状ハマサンゴの異常成長部（白いかたまり），内側のサンゴ組織は既に死亡し露出した骨格に藻が生えている。
（右）葉状コモンサンゴの場合，無数に出現するもののサンゴ群体が死亡することはありません。

⑥ 寄生虫

ハワイから報告され，今は世界各地で見られるサンゴの寄生虫があります（図6-3-6）。現在のところハマサンゴ *Porites* に観察されています。寄生すると組

図6-3-6 （左）ハマサンゴの寄生虫（扁形動物）と（右）ハマサンゴの潰瘍性白斑病。

織が膨らみピンク色になるのですぐに見つけることができます。寄生しているのは扁形動物の吸虫類 Trematode の一種で幼虫が侵入しサンゴの組織内でシスト（嚢，のう）を作り休眠状態になります，実はこの寄生虫にとってサンゴは中間宿主で終宿主は魚です。終宿主にたどり着くため，魚にかじってもらう必要があり，おいしそうな（？）色と形になっているようです。

　ハマサンゴには潰瘍性の白斑が生じることがあり，PUWS と呼ばれビブリオ菌が原因とされています。直径 5mm 位の斑点となりますが海中での区別は難しいものです。斑点状のものは他にも多数見られ，病的ではないものもあります。

⑦ 病気ではない事例

　サンゴの病気のような様相を呈する異質なものは数多くあり，正体が既に判明しているもの，未だに不明なものもあります（図 6-3-7）。穿孔性あるいは寄生性のものは生物が特定しやすいのですが，より小さい細菌やウィルス性の病気もあると考えられ，その場合，解明は容易ではありません。

第3部　サンゴと多彩な生き物たち

図6-3-7 サンゴ群体表面に観察される，致死性ではない異質なもの。
　1. ハマサンゴ（穿孔性カイアシ類。直径 5mm）。
　2. コモンサンゴ（サンゴ骨格を変形させて虫こぶを作るカイアシ類。直径 2mm）。
　3. ルリサンゴ（穿孔性フジツボ。直径 5mm）。
　4. ミドリイシ（魚によるかじり取り；食痕）。
　5. ハマサンゴ（原因不明の桃色色素の沈着反応。直径 5mm）。
　6,7. ハマサンゴに見られる非円形の大きな模様。

第4部　サンゴ礁と地球環境

§7 サンゴ礁のでき方

7-1 サンゴ礁のベースになるもの

(1) サンゴ礁の型

サンゴ礁は島の周囲を縁取るようなものから大洋の真ん中に輪になってポツリと存在するものまで様々です。サンゴ礁が複数の型に分けられることに気づいた人物がいます。ダーウィンと言えば「種の起源」を出版し，進化論を唱えた人物として有名ですが，実はサンゴ礁の研究でも著名な人物です。彼はビーグル号に乗って太平洋やインド洋の島々をまわっている最中に，サンゴ礁にはいくつかの型があることに気づいて，タイプ分けをし，その成因を説明するために「沈降説」を提唱しました。現在，軽い大陸は重いマントルの上に浮いた状態にあり，地球の表層はいくつものプレートがゆっくり動いて上昇あるいは沈み込むというプレートテクトニクスの考え方は広く知られています。火山や地震がプレートの境目で起こることは今や常識となっていますが，大陸が動くことがわかっていなかった時代に沈降説に至った発想力は驚きです。

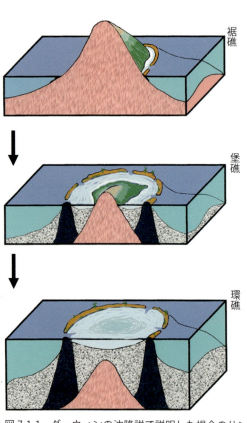

図 7-1-1　ダーウィンの沈降説で説明した場合のサンゴ礁の型。(氏家,1976 を参考に作成)

全てのサンゴ礁が海底火山

§7 サンゴ礁のでき方

からスタートし沈降に伴って形成される訳ではなく，縄文海進と呼ばれる最終氷期後の海面上昇に伴ってできたものやサンゴ礁が隆起して島になってそのまわりにさらにサンゴ礁ができるなど，形成の過程は様々です。

サンゴ礁は「裾礁」「堡礁」「環礁」に分けることができます。裾礁は島の周囲に裾のように発達します。琉球列島のほとんどのサンゴ礁がこの型です。英語では fringing reef（周辺のサンゴ礁）と称します。堡礁は島や大陸から少し離れた場所に発達しその間には 10〜100m の深い礁湖（ラグーン lagoon）が形成されます。内側を守る堡（とりで，障壁）という意味で barrier reef と称します。バリアフリー住宅などのバリアと同じ意味です。

オーストラリアの東側には大堡礁（グレートバリアリーフ Great Barrier Reef）があり，その数千キロメートルに及ぶ大きさから，生物が造った月からも見える最大の構造物と称されます。

環礁 atoll とは中央に島が無く，その名のとおり上から見ると環になっているものが多く，インドの西側に真珠の首飾りと呼ばれる環礁が連なるモルジブ諸島は有名です。

(2) サンゴ礁の様々な地形

サンゴ礁の地形は一様ではありません。波当たりや流れによって長い時間をかけて生き物のように形が変化します。現在の琉球列島のサンゴ礁は，縄文時代以降の数千年の間の海面上昇に伴って風や波の影響も受けながら形成されてきました。発達の度合いは異なり，岸から数十メートルの長さの場所もあれば 1km くらいの幅を持つ場所もあります。幅のあるサンゴ礁では様々な地形が観察されます。例として見てみましょう。

沖合に白波の立つ場所があればそこがサンゴ礁の前線となる（前方）礁原です。通称，リーフ reef flat と称されます。礁原の縁は礁縁（reef margin）となりその外側は急激に落ちこみ数十メートルの深さがあります。礁原は外洋の波を砕いてくれる天然の防波堤とも呼ばれます。外側に傾斜していく場所は礁斜面 reef slope と呼びます。礁原から礁斜面が発達した場所では上空から見るとまるで外側に向かって指を拡げているようなあるいは櫛の歯の様な形をしており，この構造が効率よく波を砕きます（テトラポッドと同じ消波作用を持ちます）。専門用語では縁溝縁脚系，英語では spur and groove system と言い，アメリカのいわゆるカウボーイブーツのかかとにつける拍車と同じくギザギザになっている形です。

礁縁から礁斜面周辺は透明度が高く地形も変化に富んでいるので魚も多い場

第 4 部　サンゴ礁と地球環境

図 7-1-2　サンゴ礁の地形。外海に面する礁縁では波を砕く消波効果があり，サンゴ礁は天然の防波堤と呼ばれる。波当たりの強い場所では，サンゴが波に抗するように櫛の歯状の縁溝縁脚系を発達させている。礁原の内側は穏やかな水面が拡がり，サンゴ礁石灰岩の護岸には岩が浸食されたノッチができる。
（上：沖縄島北端，左中：沖永良部島，右中：瀬底島，下：宮古島，挿入写真：読谷村残波の護岸とキノコ岩）。

所です。細長い溝になっている地形を利用して外側に網を仕掛け，浅い所から一気に魚を追う追い込み漁が行われる場所です。礁原の外側の離れた場所には，単独の小さな礁の離礁 patch reef があったり，あるいは礁とは呼べないまでも小さな岩の上にサンゴの群落があると，そのまわりに棲みついている生物の構成が異なり，楽しめます。ダイビングスポットとなっているそのような場所では，特徴的なポイント名が付けられていることが多いです。

　礁原を形成しているのは波当たりに強いサンゴですが，大潮の干潮時に干上がる場所はサンゴの生存には厳しい環境なので生きたサンゴは急激に減少します。礁原から内側には浅瀬が拡がり礁池（しょうち）と呼びます。英語では moat（堀という意味）で沖縄の方言ではイノーと呼びます。外洋の強い波が来ないため，枝状のサンゴをはじめ少しのんびりとした光景となります。

　波打ち際近くでは次第に浅くなっていき，干潮時に干出したり砂の動きによって次第にサンゴの数は減り，そして岩礁や砂浜となります（後方礁原）。より陸側の隆起サンゴ礁の岩はごつごつした表面となり，海岸近くの岩壁では大きなくぼみ（ノッチ）を見ることができます。長年の波あるいは生物の浸食でできたへこみはサンゴ礁地形の陸側の特徴的な地形です。このような場所では様々な生物が帯状に分布し，常に海水をかぶる場所から干潮時には干上がる場所，水没しない飛沫帯など垂直方向に分けられるそれぞれの場所に，異なる生物の棲息を観察することができます。

(3) サンゴ礁は変化していく

　ダーウィンは島の周りにサンゴ礁が発達し（裾礁），その島が次第に沈むとサンゴ礁が上方に成長して島との間に深い湖ができ（堡礁），最後は島が完全に水没するもののサンゴ礁だけが輪のように海面近くにとどまる（環礁）と考えました。琉球列島のように大陸の周辺にできた島の周りに発達した裾礁は，比較的わかりやすいでしょう。

　グレートバリアリーフはオーストラリア大陸の大陸棚の端にできた島や海底の高まりの上にできたサンゴ礁（堡礁）で陸地から約 50km 前後離れた場所にあります。

　一方，環礁は大陸から離れた海洋の真ん中に噴火して現れた火山島のまわりにできた裾礁がプレートの移動とともにゆっくり沈んだ場合に形成されます。モルジブや大東島がこれにあたります。海底からマグマが噴出してできるホットスポットで造られた島がプレートとともに移動し，またホットスポットから火山ができるという繰り返しです。

123

ハワイ諸島もできたてのハワイ島からプレートの進む北西に順繰りに並ぶ火山島列島で、その先にも昔に水没したいくつもの元島が連なっています。海洋底の水深は約4,000mもあるため、海面に頭を出すには富士山級の火山ができることが前提です。

大東島は、はるか南の海にできた火山島の周辺にできたサンゴ礁が島の沈降速度に追いつきながら上方に成長してできた環礁で、その後隆起した島です。フィリピン海プレートに乗って北上し次第に日本列島に近づいています。大東島はサンゴ礁でできた環礁の島なのでその下にはおおもとの火山があるはずです。その事を証明しようと戦前（1936年）に北大東島をボーリングしたところ約430mまでサンゴ石灰岩だったことがわかりました。さらに掘り進めば火山岩に到達していたことでしょう。ロマンある大プロジェクトです。海外のサンゴ礁のボーリングプロジェクトでは火山岩に到達した所もあり、太平洋のエニウェトク環礁では1,000m以上掘って基盤の玄武岩に達しました（1951-52年）。

7-2 サンゴ礁を造る生き物

（1）サンゴ礁のスクラップ＆ビルド

サンゴ礁はサンゴを主役とする石灰化能力を持つ様々な生物たちによって日々積み上げられていきます。礁の形成はサンゴに限らず主となる生物によって異なります。場所によっては石灰藻礁やカキ礁もあり、はるか昔の中・古生代には層孔虫（海綿説とヒドロ虫説がある）礁というのもありました。中国桂林の奇岩を形作る石灰岩です。

サンゴ礁は造られながら常に拡大し続けるものと思われがちですが、一方で削り取りや溶解も同時に進行しています。サンゴ礁生物の多様性の維持において、スクラップアンドビルドで常に加工されて複雑な三次元構造物が出現し、またダイナミックに変動していることも重要です。穴や隙間の出現で生活の場を得る者、逆に足場や住処を失う者などが頻繁に入れ替わっています。素材としてのサンゴの骨格が炭酸カルシウムという比較的軟らかい化合物であることも重要です。さらにサンゴが骨髄のように細かい穴が多数空いている構造物であること、また炭酸カルシウムを溶かす能力を持った生物たちが使用する酵素（炭酸脱水酵素）の存在も大きく寄与しています。

ところでガラス（二酸化ケイ素）の骨格を持つ生物は意外に多く、生物群としてケイ藻、放散虫、有孔虫、海綿などが挙げられます。もしサンゴがガラス

の骨格でできていれば穴をあけるのはほぼ不可能であり，変化に乏しい殺風景な礁になっていたであろうことが容易に想像できると思います。

(2) 石灰岩を作る藻

次に礁を形成するサンゴ以外の生物を見ていきます。植物では石灰を沈着する石灰藻がまず挙げられます。イシモとも呼ばれ，枝状，被覆状，塊状など様々な形があります。生きているのは表層1mm近くの薄い部分です。石灰藻は紅藻の仲間で，クロロフィル以外にもフィコビリン系色素を持つため淡紅色ですが，死んで乾燥すると次第に脱色されて白くなるため，標本にした後は少しがっかりします。海中に物を入れてしばらくすると石灰藻が容易に付着し拡がるので，困ることがあります。陸上で動植物のインターバル（間欠）撮影をする際は，レンズ面に関して問題はあまりありませんが，海中では撮影面のガラスやプラスチック上に付着ケイ藻などが24時間以内に付着し始めて次第に数が増えます。そして数日でガラス面が曇って撮影に支障が出ます。さらに石灰藻が

図7-2-1　石灰を沈着する海藻類。1.枝状（約2cm）の石灰藻（炭酸カルシウムを沈着する紅藻類），2.石灰藻球（アルガルボール）を主として形成された石灰岩の板。3.褐藻のウミウチワ。4.緑藻のカサノリ。

付くと，石の壁なので全く撮影どころではありません。これらの付着生物を避けるためにワイパー付きカメラという高価な機器も販売されています。

近年，水産上の問題となっている磯焼けという現象があります。海藻の捕食者のウニが多くなり，海藻がいなくなる場合，あるいは海底の岩の表面が石灰藻に覆われ殺風景になる現象です。石灰藻は嫌われ者かというとそういう訳ではなく，他の生物の餌になり（例えば稚オニヒトデやウニ），サンゴ幼生の定着を誘引し，そしてサンゴ礁の形成においては，かけらや小石をつなぐ重要な充填剤となっています。

サンゴ礁の外側の光のあまり届かない深い所で石灰藻が球となってマリモのように成長する場合があります（海藻の球なのでアルガルボール algal ball と呼ばれます）。それらが積み重なって後に岩となって隆起し，石材として利用されることもあります。沖縄の観光地などでは石灰岩の石材が使用されている所が多いのですが，その場所でキャベツのような何層にもなる断面があれば，それは石灰藻球の集まりでできた石です。

石灰藻に限らず海藻の中には石灰を生産できる種類が多く存在します。サボテングサやカサノリ（緑藻），ウミウチワ（褐藻），ガラガラ（紅藻）は微少な石灰粒を体の中や外に形成し，本体が死亡した後はばらけて散っていきサンゴ礁の石灰生産に貢献しています。

(3) サンゴ礁ビーチの砂になる有孔虫

星砂や太陽の砂という名前はロマンがありますが，これらは有孔虫の仲間で，分類学的には原生動物のアメーバの仲間です（原生動物，肉質綱）。浮遊性とと底生のものがいます。理科の教科書のアメーバは原形質流動で舌のような幅のある仮足を伸ばして移動しますが，有孔虫の場合は足というよりスパイダーマンのクモの糸のような網状仮足を使います。この仮足で物にしがみついたり，移動の際にも用います。

アメーバの仲間のうち殻を持つ有殻アメーバ類は，浄化槽の中（活性汚泥の生物群）にも棲息しており目にすることはほぼ無いのですが割と身近な存在です。有孔虫は原生動物なので細胞1個の単細胞生物なのですが，実際は肉眼で見えるほど大きい巨大な単細胞となっているものがあります。これは小さな細胞の小部屋を継ぎ足して大きくなるためです。その際に遺伝情報を持つ核も継ぎ足していくので核がたくさんある多核細胞と呼ばれます。サンゴ同様，有孔虫には共生藻（ケイ藻や褐虫藻）を持つものがあります。有孔虫はサンゴ礁の砂を作る一群であり，また石灰藻同様に石灰生物の遺骸を繋いで詰めていく

§7 サンゴ礁のでき方

図 7-2-2　1. 浅瀬の石切場（読谷村）。2. 粟石とその一部を拡大したもの。3. ゼニイシが無数の糸状の仮足を伸ばしている様子（大きい方のゼニイシの直径は 6mm）。4. 野外のゼニイシ。

接着剤および充填剤のような役割もあります。有孔虫の死骸が主として積み上がった石があり，まるでお菓子の粟おこしのようなので粟石と呼ばれます。昔は海岸近くの粟石を切り出して石材として使用していました。沖縄島の海岸で，干潮時に干上がる場所に人工的な四角のへこみがあれば，粟石等の石灰岩を切り出した場所です。

　サンゴ礁の砂浜で見つけることができ，肉眼でも見える大型有孔虫をいくつか示します（図 7-2-3）。マージノポラ Marginopora はかなり大きく平たい円形で銭石（ゼニイシ）あるいは西洋では人魚の銅貨と呼ばれ，サンゴと同様に褐虫藻が共生しています。カルカリーナ Calcarina は太陽の砂，バキュロジプシナ Baculogypsina は星の砂と呼ばれどちらもケイ藻が共生しています。ケイ藻は本来の二酸化ケイ素の殻を脱ぎ捨てて有孔虫の体の中で生活しています。ペネロプリス Peneroplis はアンモナイトのような形で，生時は青紫色をしているのでおしゃれな印象があります。共生しているのは単細胞の紅藻です。アンフィステジナ Amphistegina はやや円形の表面がつるつるしたケイ藻が共生

する有孔虫です。ハワイのオアフ島のワイキキビーチの白い砂はアメリカ本土から持ってきた砂です。その中にはアンフィステジナなど有孔虫起源の砂も含まれています（ハワイは海洋の火山島なので本来砂は黒っぽくなるはずです）。なお底生の大形有孔虫の太陽の砂や星の砂の有孔虫はハワイまでは分布していません。ハワイ同様，沖縄の人工ビーチの多くも慶良間との間の深場の砂を運んでいる場所が多くあるので，近い場所だからとは言え勘違いはしないようにしたいものです。

　その他には，いわゆる星砂等のようにメジャーではありませんが，固着性の有孔虫（ホモトレマ *Homotrema*）もあります。アカサンゴのように深い赤色の骨格をしているので海岸に打ち上げられた礫の表面に容易に見つけることができます。

　なお，琉球大学理学部には大型有孔虫を専門の藤田和彦教授の研究室があります。

図 7-2-3　底生の大型有孔虫類。左上はこれらの集まり。

§8 人とサンゴと地球環境

8-1 サンゴ礁と人との関わり

　サンゴ礁の価値は実に様々であり，水産資源として，あるいは観光資源などの経済効果の面から，また生態系サービスという視点から語ることができます。しかし，何と言ってもそこに棲息する様々な生物たちの生活を覗き見ることができるのはたまりません。生物多様性が高いと言われる，熱帯雨林，マングローブ林そしてサンゴ礁はもちろんですが，一見生物の少なそうな砂泥底や砂漠でさえ，そこで暮らす生物たちはそこで暮らす理由と術を持っており，興味深い生活を送っています。

　サンゴ礁は暖かい南の海に発達し，オーストラリアの東側のグレートバリアリーフ（大堡礁）は宇宙からも見える生物が造った巨大な構造物です。サンゴ礁は，荒波から陸地を守るため天然の防波堤です。過去の津波あるいは台風の大波から，多くの命を守ってきました。外洋の波が砕かれ海水が入る内側の穏やかな浅瀬には，サンゴはもちろん魚介類から海藻まで食用になる海の恵みが豊かな場所です。また，癒やしの場所，信仰の対象といった精神世界へ繋がる空間でもあり，祈りや祭りと深く繋がっていることも少なくありません。サンゴ礁の白砂で道を清めたり，サンゴ骨格を使用したお墓や骨壺，サンゴ礁生物を用いた魔除けなどもあり，生活の深いところまで繋がっていたことがわかります。

　南方のサンゴ礁の小さな島に暮らす人々にとって，サンゴ礁は住処そのものであり，彼らは魚介類らタンパク質を，内側の淡水の溜まる場所に育つタロイモ畑やココヤシなどから炭水化物を得て，生を全うした後はサンゴ礁の一部として帰るまでを過ごす世界そのものです。しかし，近年の気候変動による海水面の変動は地下の淡水レンズを破壊し，温まった海水はサンゴにダメージを与え，サンゴ礁生物の急速な減少となって生活そのものが成り立たなくなってきました。

　サンゴ礁への直接的な依存度がそれ程大きくない先進国においても，サンゴ礁は熱帯雨林同様に急速に劣化・崩壊している生態系として注目しています。一旦失われると回復することができない生物多様性の高さ，あるいは遺伝子の

宝庫としてその保全が強く求められています。サンゴ礁，マングローブ，海草藻場そして干潟や砂浜は，陸と海が出会う狭間にあり陸地の影響をもろに受ける場所でもあります。

8-2 ゆでガエル現象にだまされるな！

　地球全体で，また世界の各地域で自然環境の劣化が進んでいます。それに伴った極端な大雨・乾燥，高温・低温，台風・竜巻などの自然災害が起こる時にその異変を肌で感じることはありますが，それよりも深刻な問題は，ゆっくりと確実に環境が変化していることです。数万年あるいは数千万年単位でみると過去にも大きな気候変動があり，生物の絶滅も何度となく起きてきました。現在は過去と比較にならない速度で変化しているのですが，私たちにはあまり実感がありません。このような状況を「ゆでガエル現象」と言います。すなわち煮えたぎった湯鍋に放り込まれたカエルは慌てて鍋から飛び出して逃げるものの，水に入れられゆっくり熱を加えていくと，鍋の中のカエルは脱出することなくゆでられてあの世に逝ってしまいます。

図 8-2-1　ゆでガエル現象。緩慢な環境変化に鈍感であると手遅れになるまで気づかない例え。

　地球環境の急激な変化は，化石燃料の大量消費によって放出された二酸化炭素の持つ温室効果によって大気の温度が上昇するということは誰でも知っています。大気のみならず海水温度の上昇が引き起こすサンゴの白化現象は目に見え，温度変化も測定しやすいので予測しやすくなってきました。また，放出された二酸化炭素を吸収してくれている海自身が次第に酸性に傾いている海洋酸性化も注目されるようになってきました。

　気候変動と海洋酸性化はどちらも二酸化炭素に起因する環境変化ですが，お互いが影響し合います。二酸化炭素は冷たい水によく溶けるので海洋酸性化の影響は北の海で大きくなるとされています。暖かくなった海水は沈みにくいので海洋大循環にも影響します。これらのグローバルな変化だけでなく，ローカルな人間活動がサンゴ礁生物に及ぼす影響も多大です。

§9 サンゴが死滅していく

9-1 悪夢の白化現象発生

(1) 今も拡大しているサンゴの白化

　サンゴの受難は天敵のオニヒトデの大発生から始まりました。八重山から拡がり始め，1969年に沖縄島に到達するとサンゴを総なめにしました。その頃は将来に起こる別の悪夢の白化現象は予想だにしませんでした。

　主として海水温度の上昇する夏場に起こるサンゴの白化現象は，地球温暖化の影響もあり世界中で増え続けています。沖縄でも小規模なものはありましたが，1998年の大規模白化現象は凄まじいものでした。夏場の数か月で沖縄のサンゴの8割近くが死んでしまいました。その後も度々起きていますが，あまり大きく取り上げられないのはサンゴそのものの数が大きく減少したことも理由の一つです。1998年以降，やや回復したサンゴもありますが，その後全く戻っていない種類も多数あります。琉球大学の臨海研究施設前のサンゴ礁に普通に見られた，例えばトゲサンゴ，ショウガサンゴ，アワサンゴあるいは枝状のアナサンゴモドキなどは1998年の大規模白化から15年以上経つものの全くあるいはほとんど戻っていません。

　私は，1998年の春に被覆状のコモンサンゴ数十群体に標識をつけて年間成長率の測定を開始したのですが，夏に全て白化し全滅してしまい何もできず呆然となりました。別の場所ですが，知人の研究者は標識した370群体が全滅したとのことでした。大規模に白化した最中の海の中は異様な光景となります。褐色系の地味な風景が白一色になるので，言葉は悪いですがパステルカラーの明るく美しい世界になります。その後サンゴが死に，微細な藻類に覆われるとくすんだやや緑がかった灰色に近い世界になります。骨格だけの形はそのまましばらく残りますが，かじり取り摂食者や穿孔生物の活動により次第にぼろぼろになり（図10-1-1参照），数年後にはのっぺりした生物のほとんどいないゴーストタウンとなります。

　南米ペルー沖の海水温度が平年より0.5℃以上高い海水温が6か月以上続くエルニーニョ現象が起こると，海水の熱エネルギーが水蒸気へ移り，気象を変化させ，遠い場所へも影響を及ぼします。1998年の未曾有の白化の前年，

第4部　サンゴ礁と地球環境

1997年のエルニーニョ現象は20世紀で最大の規模でした。2015年も1997年に相当する規模になり、海水温度が平年より2～3℃上昇してスーパーエルニーニョと呼ばれています（世界気象機関）。2016年にあまりよろしくない情報が入ってきました。インドネシア周辺では表面海水温度が上昇し、警戒レベルになっています（リーフチェックインドネシア他）。また、グレートバリアリーフではサンゴの白化が急速に拡大しており、911か所をチェックしたところ93%の場所で白化が確認されたとのことです（Science誌,4/16）。これは南半球で秋口の水温のやや下がった時期の白化ということで研究者は首をかしげています。原因解明が待たれます。

図9-1-1　白化現象-1
1. 白化した葉状コモンサンゴ。
2. 白化した塊状ハマサンゴ、下部はまだ褐虫藻が残っており褐色となっている。
3. 白化したテーブル状ミドリイシ、右側の種類はまだ白化していない。
4. 褐虫藻を持つソフトコーラルも褐虫藻が抜けると白くなる。

（2）白化とはなにか

サンゴの栄養や成長にとって最も重要な運命共同体の褐虫藻がサンゴ組織から脱出することが始まりです。夏場の水温が平年よりも1～2℃上がった約30℃以上の状態が長く続くと、サンゴから褐虫藻の抜けだしが始まります。

§9 サンゴが死滅していく

　これはサンゴが追い出したのではなく，褐虫藻自らの脱出です。水温が高いと褐虫藻の光合成過程で多くの活性酸素が発生します。活性酸素は生物の遺伝子やタンパク質を傷つける危険な存在なので褐虫藻は逃げ出すのです。強い紫外線や流入する淡水で塩分が低下する場合も影響を受けます。また全く逆に，冬場の水温が低下した時に白化することもあります。

　褐虫藻は脱出の際，これまでの球形の体から中央がややくびれた形に変形し鎧（よろい）をまとい，泳ぐのに必要な鞭毛も作り遊泳型褐虫藻になります。映画のトランスフォーマーのごとくです（赤潮の原因生物とサンゴ褐虫藻は親戚で，どちらも渦鞭毛藻です）。

　褐色の褐虫藻が抜け出すか，あるいは褐虫藻自体の光合成色素が減少すると，動物としてのサンゴの組織の色がサンゴ群体の色となります。しかし，サンゴ組織そのものには色がついていないので，サンゴ組織を通してその下にある炭酸カルシウムの骨格が透けて見えるので，全体は白く目に映ります。これがサンゴの白化現象です。半透明のミズクラゲ状態になったものと想像してください。英語ではbleaching（ブリーチング）といい，サンゴが漂白された状態という意味になります。サンゴが褐色から白に変化した「白化」よりは「漂白」あるいは「脱色」という表現が科学的表現として適しているかもしれません。実際，サンゴの中には黒や青の骨格を持つ種類もいるからです，その場合は黒化現象・青化現象などと呼ぶのが適切かもしれません。

　紫外線は波長が短くエネルギーが強い電磁波（光）です。可視光線ではないので赤外線同様肉眼では見えません。人の皮膚に当たると日焼けを起こし（UV-B），エネルギーのやや弱いUV-Aはしわやたるみの原因となります。サンゴの白化が起こる水温の高い夏場は，同時に紫外線も強いのでダブルで効いてきます。水温が同じでもやや陰になる場所は紫外線の影響から免れるので白化しないこともあります。岩陰あるいはサンゴを含め他の生物の陰になると紫外線の影響が緩和されるのですが，一時的現象で白化までは時間の問題です（図9-1-1，9-1-2）。

　オーストラリアのグレートバリアリーフで採取され，分離培養された褐虫藻を調べた結果，3種類のウィルスが褐虫藻を攻撃する現象が報告されました（BBCニュース，2016）。野外でも同様のことが起こるのかについては明らかになっていませんが，水温，紫外線あるいは細菌などに加え，ウィルスもサンゴの白化に関係しているかもしれません。

(3) 白化は餓死へのカウントダウン

　褐虫藻がサンゴのポリプから脱出した後でもポリプは相変わらず生きています。しかし，生物が生きていくためには呼吸が必要でその代謝にはエネルギー源が必要です。褐虫藻を失いエネルギー供給源を絶たれたサンゴにとっては絶食の始まりでもあります。それでもしばらく生きていけるのは体内に蓄えてあった脂肪（脂質）のおかげです。ちなみにヒトはエネルギー源をグリコーゲン（糖）と脂肪で蓄えているので飢餓状態になるとそれを使用して持ちこたえます。牡蛎（かき）もグリコーゲンを蓄えており，飢餓の際には分解してエネルギーを確保します。サンゴの場合，貯蔵脂質と呼ばれるワックスとトリアシルグリセロールを分解して呼吸に必要なエネルギーを得て代謝を維持します。トリアシルグリセロールとはいわゆる中性脂肪のことです。それらの貯蔵脂質が尽きると，細胞の死すなわち餓死を迎えます。目で見ただけではすぐにわかりませんが，白化したてのまだ脂肪に富むメタボなサンゴも絶食が始まり，時間とともに痩せていき死亡直前は命にかかわるほど激やせしているのです。ただし，白

図 9-1-2　白化現象 -2
　1. シャコガイが開いている時に陰になる場所のコモンサンゴは一時期に白化を免れる。
　2. 葉状のコモンサンゴの中央部は陰になるため白化していない場所もある。
　3,4. 真冬の低温ストレスで白化したハナヤサイサンゴ（3）と被覆状コモンサンゴ（4）。

化状態になっても水温が下がり，褐虫藻が戻るか，残っていた褐虫藻が増殖すればサンゴは飢餓状態から脱出することもあります。絶食状態で持ちこたえられるのはサンゴの種類にもよりますが，数週間から数か月です。1998年の夏に白化した様々なサンゴを用いて褐虫藻の数とサンゴの脂肪の量を測定したところ，褐虫藻の数が激減したサンゴでは脂肪の量（サンゴ軟組織を乾燥させた重量における脂肪の割合）が通常の30%から10%以下まで激減していました。

(4) 白化しやすいサンゴ

　白化しやすいかどうかはサンゴの種類，褐虫藻のタイプ（クレードA, B, C, D〜I）によって異なります。例えば褐虫藻のタイプDは高水温に強いので，タイプDを持っているサンゴは白化しにくいサンゴということになります。しかし，多くのサンゴはタイプCを好み，どれくらい光合成してくれるのかは褐虫藻選びのポイントのようです。夏場の高水温にさらされる浅瀬や潮だまりにいるサンゴは，理屈で考えると頻繁に白化しそうですがそうでもありません。同じ種類であっても，厳しい環境のサンゴはしぶといです。サンゴの根性というと変ですが，日常的に温度変化の激しい環境のサンゴはたくましいです。温度刺激に対応するように生物として対策をとっているはずです。

　サンゴの紫外線対策として，粘液には紫外線を吸収するアミノ酸化合物（MAA），外胚葉にはGFPを持つものがいます。活性酸素を除去する対策としては，熱ショックタンパク質（HP）や抗酸化酵素（SOD）などもありますが，処理能力には限界があります。近年の研究で，プラヌラ幼生あるいは稚サンゴの時には色々なクレードの褐虫藻を保持している，あるいは同じサンゴでも深さによって異なる褐虫藻クレードを持っているなど褐虫藻の獲得や保持に融通性があるなど，多くの知見が蓄積されつつあり，サンゴと褐虫藻の相互関係の複雑さには驚かされます。

(5) 冬場の白化現象

　夏場の高水温とサンゴ褐虫藻の離脱そして白化現象が起こるこれら一連の関係はよく知られるようになってきましたが，冬場も白化することがあります。ハナヤサイサンゴ類や被覆状のコモンサンゴ類で顕著です（図9-1-2）。夏は昼間に大きく潮が引いて浅くなる大潮があります。その際は表層付近の高水温と強い紫外線を浴びることになり，サンゴにとっては強烈な刺激となります。一方，冬は深夜に大きく潮が引き，夜間の水温が下がる時間帯に海水温度よりも低い気温で冷やされた表層の冷たい水にさらされます。サンゴにとって，夏

と冬の大潮はより暑いそしてより寒い試練の時となります。

図 9-1-3　白化現象 -3
1. 通常のオオスリバチサンゴ。
2. 白化したオオスリバチサンゴ。
3. 通常のコモチハナガササンゴ（採集：安田直子）。
4. 白化したコモチハナガササンゴ。
5. 白化した単体サンゴのクサビライシ。左右で種が異なり感受性は異なります。
6. 大きな枝状群体は空間も複雑で多くの生物が直接的・間接的に依存しており，サンゴの白化は大きなダメージとなる。

CORAL * COLUMN　　　　コーラル*コラム

常識はずれの記録保持者キクメイシモドキ

　キクメイシモドキは，イシサンゴ界の稀（まれ）あるいは際物（きわもの）サンゴの代表格です。そもそもモドキ（擬）という偽物やまがい物を連想させる名称なので少し可哀相です。サンゴには他にもアナサンゴモドキやトゲクサビライシモドキと言ったモドキ仲間がいますが，主流ではない種あるいは後から見つかったのでその名前にしたということでしょう。

　キクメイシ科のキクメイシモドキ *Oulastrea crispata* は，研究者にとっては萌えるサンゴです。まずその強靭な耐性力，クレードDの褐虫藻を持ち，高水温に強く低温に最も強く，有藻サンゴ北限（新潟県佐渡）の記録保持者です。他のサンゴがとても棲息できない濁った，あるいは泥場のような環境にも適応しています。他のサンゴ幼生が定着できない砂泥底では巻貝（スイショウガイ）の背中に定着し貝に背負われて生活することもあります。飼育も比較的楽で，光の当たらない200mLのカップで2年間飼育したことがあります。時々餌（魚用の粉餌）を与え水を替えるだけ（ただしエアレーションは必要）でした。

　この1属1種のサンゴの極めつけの特徴は，六放サンゴで唯一骨格が黒いことです。黒い色素はおそらくメラニンです。地域によって色合いが白から黒まで変化するのですが，遺伝的に固定はされておらず，何らかの環境要因が影響しています。日本から東南アジアが棲息域なので，本種が分布しない大西洋のサンゴ研究者に見せると驚きます。2012年にはなぜか地中海でも発見されました。

　近年の遺伝子を用いた系統解析の結果，本種は単独で科（分類で属の上）を建てるほどの特異なサンゴであるとのことです。モドキから表舞台に登場しそうです。ちなみに暗がりでの長期飼育の際は，褐虫藻はほとんど抜けて，黒い骨格が透けて白化現象ならぬ黒化現象を呈しました。

キクメイシモドキ

9-2 グローバルな人間活動による海洋環境の劣化

(1) 海洋の温暖化とサンゴの北上

　近年，気温や水温の上昇が気候変動という言葉とともに切実な課題となっています。これまで育たなかった熱帯性の植物が育つ，南方系の魚が見られるなど一見良い変化のような話題もありますが，これまで育っていた植物の育ちが悪くなる，元々棲んでいた魚と競合するということでもあります。

　サンゴではどうでしょうか。動けないサンゴも次第に北上しています。移動速度は年 14km と試算されています（Yamano 他，2012）。サンゴの幼生が黒潮に乗って北上し定着しても，これまで冬を越せなかったのが越せるようになりました。将来，本州でもサンゴ礁が形成されるかもしれません。南のサンゴが減り，北のサンゴが殖えるのですが，北上するのはサンゴだけではなくサンゴの天敵のオニヒトデもサンゴの病気も同じように北上しています。北上することは移動せざるを得ない南の生物にとっても，元々の住人の北の生物にとってもストレスであることは間違いありません。

(2) 気候変動

　世界の年平均気温の偏差の経年変化（1891 〜 2015 年：2015 年 11 月時点の速報値，気象庁）によると「2015 年の世界の年平均気温（陸域における地表付近の気温と海面水温の平均）の 1981 〜 2010 年平均基準における偏差は +0.40℃（11 月までのデータにもとづく速報値）（20 世紀平均基準における偏差は +0.76℃）で、1891 年の統計開始以降、最も高い値となる見込です。世界の年平均気温は、長期的には 100 年あたり約 0.71℃の割合で上昇しており、特に 1990 年代半ば以降、高温となる年が多くなっています。」と発表されています。すなわちこの 120 年で 2015 年の気温は過去最高を更新し，気温は上昇する一方です。

　過去 35 年の平均気温を面的な拡がりで見ても世界中のほとんどの地域で上昇しています。2015 年，日本国

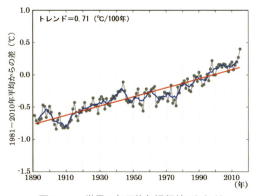

図 9-2-1　世界の年平均気温偏差（気象庁）

内では豪雨による鬼怒川の氾濫を始め気象災害に見舞われました。一方で全く逆の大寒波が 2016 年 1 月に起こりました。九州の各地で降雪が見られ，沖縄ではみぞれが降り，海岸には魚が打ち上げられ，暖房設備が整っていなかった台湾では 50 名以上の死者が出ました。この寒波の最中，私は台湾の中央研究院に滞在しており，現地のサンゴ研究者は寒さで彼らが観察しているサンゴが死亡したのではないかと懸念していました。日本では奄美のサンゴに低温白化が観察されました。

2015 年末からスーパーエルニーニョが起き，サンゴ礁関係者は 2016 年夏が 1998 年夏の大規模白化現象の再来の年ではないかと戦々恐々としました。折しも 2015 年末にフランスで開かれた国連気候変動枠組み条約第 21 回締約国会議（COP21）において「パリ協定」が採択されました。詳細は省略しますが，世界中の国々が異常気象を肌で感じるようになってきた危機感の表れであり，各国で目標を定めて行動していくことに期待します。

実際の野外における水温の測定値（瀬底島）を見ると，1998 年夏は高水温（赤

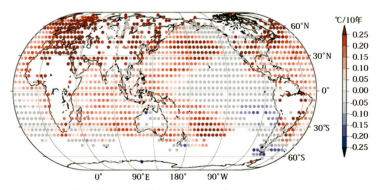

図 9-2-2 年平均気温長期変化傾向 1979-2015 年
　　　　図中の丸印は，5°× 5°格子で平均した 1979-2015 年の長期変化傾向（10 年あたり）を示す。灰色は，信頼度 90% で統計的に有意でない格子を示す（気象庁ウェブサイトより）。

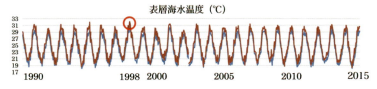

図 9-2-3 琉球大学瀬底研究施設桟橋前の過去 25 年（1990-2015）の表層水温変動，青は午前の赤は午後の水温（琉球大学熱帯生物圏研究センター瀬底研究施設沿岸観測データ）。

円）でした。世界的に気温が飛び抜けて上昇した年であったことは図9-2-3からもわかります。そしてサンゴの大規模白化現象と大量死が起きました。一方，冬場の低水温もサンゴにとってはストレスとなるため高水温と合わせて警戒が必要です。

(3) 海洋酸性化

　酸性・アルカリ性とは誰もが知っている理科の用語で，水素イオン濃度指数 pH（ピーエイチ，ペーハー）と称し，液体の中に水素イオン（H^+）がどれくらいあるかで示します。pH1 から 14 まであり，数字が小さい方が酸性で pH7 は中性です。胃液は強い酸(pH=1.2)，お酢は 4% の酢酸溶液です(pH=3)，ヒトの舌で酸っぱさを感じる境界のトマトジュースは pH=4 で，年齢が高くなるとトマトジュースを酸っぱく感じるようになるそうです。石けん水はアルカリ性（pH=10.5）です。

　きれいな純粋の水（蒸留水）の場合，作りたては中性の pH=7 ですが放置しておくと次第に酸性となり，理論上 pH=5.6 となります。雨も同様で，蒸発した水蒸気が粒となった中性の蒸留水なのですが，地表に降る時には 5.6 よりさらに小さくなり，より酸性側の酸性雨として降ってきます。蒸留水の pH が 5.6 まで酸性側になるのは，大気中に含まれている二酸化炭素が水に溶けて水素イオンを生じるためです。実際に降る雨は pH=5 以下で，二酸化炭素以外に硫黄

図9-2-4　海洋酸性化実験装置。二酸化炭素を海水に溶かし，近未来の酸性化した海水がサンゴ等の炭酸カルシウム骨格を作る生物の成長他にどのような影響を及ぼすかを調べている。（写真提供：琉球大学・酒井研究室）

§9 サンゴが死滅していく

酸化物や窒素酸化物が溶け込んで硫酸や硝酸となって加わるためです。

海も次第に酸性側になりつつあります。日本近海の海水のpHも確実に進行しています（図9-2-5）。酸性雨と同じ理屈で，化石燃料を燃やした際に生じる二酸化炭素が弱アルカリ性の海水に溶け込んでいるために，吸収した方の海水は次第に酸性化しています。産業革命以前（二酸化炭素濃度278ppm）にpH=8.17だった海水は次第に酸性化し，現在（398ppm,2014年）はpH=8.06となっています（気象庁HP）。

見た目はたった0.1の変化ですが既に影響が出ています。しかし，サンゴの骨格や貝殻が溶けているという事態ではありません。炭酸カルシウムが溶けるかどうかは過飽和度で表されます。過飽和度が1以上あれば骨格の材料のカルシウムイオンと重炭酸イオンは十分にあり溶けることはありません。逆に1を割れば放っておいても無機的に溶ける状態です。海水中の二酸化炭素濃度が640ppmあるいはpH=7.84がその境界です。問題は0.1の低下で既に影響が出始めているという研究例が報告されつつあることです。サンゴの成長が低下しているとの事例もあります。このまま二酸化炭素が放出され続ければ今世紀末には，pH7.8-7.9あたりまで低下すると言われています。炭酸カルシウム等のバイオミネラルを持つ生物は，プランクトン，貝，ウニなど多岐にわたり，海洋生物の基礎生産を支えている小さな生物に影響が出れば今後の食料資源の

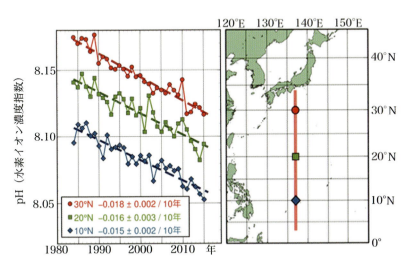

図9-2-5　（左）東経137度線の北緯10，20，30度における冬季表面海水中の水素イオン濃度指数の長期変化，（右）北西太平洋の東経137度線の位置。調査した3地点全てで次第にpHが低下していることがわかる。（気象庁ウェブサイトより）

減少にも繋がる大きな問題です。例え大きな個体に影響がなくても，発生段階の幼生時代に障害が起こる可能性もあります。現在，様々な生物およびその発生初期段階の幼生を用いた海洋酸性化の影響を調べる研究が行われています。

9-3 ローカルな人間活動によるサンゴ礁への影響

（1）崩れつつある人とサンゴ礁との共生

貝塚からの出土品を見ると，サンゴ礁生物の利用が古くから行われてきたことがわかります。現在もサンゴ礁との関わりを示す物や光景を見ることもできます。その利用は幅広く，水産資源としての食料としてのサンゴ礁生物（魚，貝，ウニなど），素材としてのサンゴ骨格を用いた石垣や骨壺，カルシウム成分として漆喰の材料，添加物（黒糖）や染料，あるいは飾りや呪術的なもの（魔除け）として，その他サンゴ礁から多くの恵みを利用してきました。

このような利用は自然の産物を採取しても，壊し過ぎない利活用法でしたが，現在問題となっているのは資源の採りすぎやサンゴ礁そのものをだめにしてしまうことです。埋め立て，オーバーフィッシング（乱獲）などの経済活動はサンゴ礁そのものを消失させたり，あるいは特定の生物のバランスを壊すといった弊害が出ます。サンゴ礁は島の周りの浅瀬に形成されるため，埋め立てが容易な場所であると言えます。1972年5月にアメリカから日本に返還（本土復帰）されて以降の沖縄では経済成長に伴う開発ラッシュによって自然海岸が急激に減少してきました。海岸を波から守るため，あるいは親水護岸と称して本来の自然海岸が失われるのは残念です。また，離れた場所に沈水の防波堤ある

図9-3-1 （左）浄化槽経由でサンゴ礁の浜に流れ出る家庭排水。屎尿（しにょう）や洗剤等の主な成分は分解しているものの栄養塩はほとんど分解されない。（右）大雨の後，サンゴ礁の海に流出する赤土。（写真提供：中野義勝）

§9 サンゴが死滅していく

いは港等の構造物ができると潮の流れが変化して砂が溜まるあるいは消失する等思いもよらない場所で影響が出ることがあります。昔も岩をサンゴ礁の礁池に運び入れて魚垣を作り改変したことはありましたが，現在は量的にも空間的にも規模が全く異なり大規模な改変が行われることがあります。

　埋立てのような直接的な破壊でなくとも，サンゴ礁は陸と海の狭間（はざま）にあるため，陸地で起きた変化をもろに受ける宿命の場所です。自然では分解されにくいビニール袋や網などがサンゴにからまり痛めつけられている様子を見るのは胸が痛みます。ゴミ以外にも私たち人間の活動によって河川から様々なモノが海に流れ込みます。サンゴはどのようにこれらの負荷に耐えていくのでしょうか。

(2) 淡水流入

　航空写真や衛星写真を見ると島の周りを縁取るサンゴ礁が途切れる場所があります。サンゴ礁の縁（へり）で浅く切れる場合は，干潮時に内側の水が外に出る礁の切れ目です。一方，陸から切れ込みがある場合は，河川の影響を受けている場所です。サンゴは海の生き物なので淡水が流入するところでは成長が困難なため，礁に切れ目ができるのです。森が減少し，河川がコンクリートになって陸地の保水力も落ちているため，たとえ過去と比較して降水量には変化がないとしても，淡水の海への流入の変化は激しくなっていることが想定されます。その影響は淡水だけでなく，一緒に流れ込む多様な物質もあるので区別が困難なこともあります。

(3) 開発による赤土流出

　陸地での開発事業や農業などの土地造成に伴って流れる土壌粒子は，河川水とともに海に流れ込みます。淡水中と海水中では粒子の沈降速度が異なり，海に出た粒子は急速に沈降し陸地周辺の浅瀬に溜まります。沖縄では本土復帰前後の開発ラッシュで多量の赤土他がサンゴ礁に流れ込み海が真っ赤なることもしばしばありました。今は赤土流出対策のガイドラインが整備され意識も向上し，一時期に比較すると軽減されているものの，相変わらず大雨後に海が赤くなる状況は起きています。流出を防ぐにはグリーンベルト（畑の周辺に植物を植えて土壌粒子の流出を軽減する方法）が自然にも負荷が小さく有効です。

　赤土等によって懸濁した場所では，海中に届く光の量が少なくなりサンゴの栄養に悪影響があります。サンゴは光を求めて成長するため，枝状のサンゴの場合は深い場所と濁った場所では枝が細長く間延びした形態になる共通点があ

143

ります。サンゴの組織表面には無数の繊毛があり，体表から分泌した粘液とともに降り注ぐ粒子を排除しますが，これはエネルギーの消耗に他なりません。また，土壌粒子が海底に溜まるとサンゴの幼生は定着することができません。定着できる岩があったとしても海が荒れて再度懸濁する粒子にさらされる環境では成長も生存も厳しいのが現実です。懸濁環境下ではサンゴの受精率が下がる，あるいはサンゴの病気が土壌粒子の多い場所で増加するという報告があります。

　沖縄島の土壌粒子はいくつかのタイプがあります。火山岩が風化してできた赤土（国頭マージと呼ばれる酸性土壌です），隆起サンゴ礁が風化してできた赤土（島尻マージと呼ばれアルカリ性です），また南部の方には灰色のクチャと呼ばれる粘土質の土もあります（中国大陸起源の堆積物でその後隆起したもの）。熱帯や亜熱帯では植物の生育が旺盛で生産性が高いものの，有機物のほとんどは植物体内にあり，林内の土壌は分解が速いため薄いのが特徴です。したがって森林が伐採され，薄い土壌がスコール等で流されると酸性土壌がむき出しとなります。このラテライトと呼ばれる熱帯の酸性赤土は雨が降ると海に流され，乾くとかちかちに固まり，植物の成長が阻害され不毛の土地になりがちです。「森は海の恋人」と言われ，東北の三陸や北海道襟裳では植林活動を続けた結果，荒廃した海が回復したことは有名です。サンゴ礁も同じです。陸地の森を守ることはサンゴ礁を守ることにつながります。

（4）海の富栄養化

　浅い海に生息するサンゴにとって，細胞内に共生する褐虫藻の光合成産物は重要な栄養源です。陸上植物用の肥料の成分は"N(窒素)P(リン)K(カリウム)"と呼ばれ，肥料にはこれらがバランスよく含まれています。一方，褐虫藻の光合成には陸上植物同様の成分が必要ですが，海水中にはカリウムは十分に存在するので不足気味になるのは窒素やリンです。

　しかし，サンゴ礁に窒素とリンが多量にあると褐虫藻を含めた藻類は成長するものの，動物としてのサンゴには悪影響があります。生物を構成する物質の中で一番多いのは炭素ですが，褐虫藻が光合成で作りだしたものの，窒素やリンが不足していたため褐虫藻自身の成長に使い切れず放出していた炭素をサンゴは利用しています。しかし，不足していた栄養塩を獲得した褐虫藻は余っていた炭素を自分の成長と分裂に使い切ってしまうため，サンゴが成長できなくなるからです。

　戦後，私たちの生活環境は激変し，くみ取り式のトイレから水洗トイレに替

§9 サンゴが死滅していく

わり，衛生的で便利な世の中になってきました。しかし，窒素やリンなどの栄養塩は浄化槽でほとんど除去できないため河川を経由して海に流れ出ています。栄養塩の増加は海藻や植物食のオニヒトデ幼生にとっては好適かもしれません。しかしサンゴには成長の阻害，病気の増加などの重大な問題を引き起こします。

(5) 化学物質の影響

　私たちは普段あまり気にしていませんが，化学物質を含む便利な製品を多用しています。その多くは多少分解するものの地下水や下水を経由して海に到達し，中にはサンゴ礁生物へ少なからず影響を与えている物質もあるはずです。

　洗剤は，洗濯，台所，風呂で多用されています。洗濯洗剤については1人当たり年間約5kgも使用しています。洗剤には界面活性剤をはじめ様々な化学物質が含まれています。サンゴ礁に達するまでに分解されているとよいのですが，実際の影響の詳細は不明です。

　除草剤は草むしりの重労働から解放してくれる優れ物です。植物の光合成の回路のみを遮断し，一般的には動物へはほとんど影響を与えないとされています。しかし，分解されずにサンゴ礁に流れ込めば褐虫藻の光合成を阻害することになります。

　また，日焼け止めクリームがサンゴを白化させるという報告があります。日焼け止めに含まれている有機溶媒が原因です。すぐにサンゴに影響を与える濃度として海水中に存在するかはわかりませんが，成分そのものはビーチ近くの海水から検出されています。

　さらに，外因性内分泌攪乱化学物質（いわゆる環境ホルモン）として様々な化学物質（農薬，有機溶媒，芳香族有機化合物，重金属他）が挙げられています。魚貝類に影響を与える物質は，おそらくサンゴ礁に棲息する動物にも影響を及ぼすことが考えられます。船底の塗料として以前使用されていたトリブチルスズ（TBT）は内分泌攪乱化学物質として知られています。近年，マイクロプラスチック（5mm以下のプラスチック）や細胞よりも小さくなったナノプラスチック（直径10nmナノメートル，1mmの100万分の1）の問題が注目されています。サンゴ礁生物にどのような影響を与えているのかは定かではありませんが，生態系を攪乱している可能性があることを認識しておくことは重要です。

§10 サンゴとサンゴ礁を守る

10-1 なぜサンゴ礁を守らなければならないのか

サンゴ礁はどのような価値があり，守らなければいけないのはなぜでしょうか。サンゴ（礁）があると困ることも全くない訳ではありませんが，守るべき価値ある対象であることを確認したいと思います。

（1）危険な場所だったサンゴ礁

サンゴ礁には発達しないものの，造礁サンゴが分布する海では漁網がサンゴにからまることがあります。サンゴ礁域でも，礁の内側の浅い礁池にモズクやアオサ網を設置する場合は全面砂地の海底が良いのは確かです。釣りをする際は凹凸の多いサンゴ礁海岸は，仕掛けが根がかりする場所です。ビーチでは足を怪我する可能性があるのでサンゴやサンゴ礫等はない方が好ましいと言えます。

また，サンゴ礁は浅場なので船底を傷つけたり，船が座礁する危険な場所でもあります。満潮と干潮の潮位差が約2mあり，タイミングを間違えると命を失う危ない場所になります。また，棘のある生物，鋭利な殻を持つ生物，有毒生物もいます。私自身，現在はサンゴ礁生物の研究に楽しく取り組んでいるものの，大学に入るまでサンゴ礁は危険な，近づいてはいけない場所と教えられてきました。近年，サンゴ礁の魅力や価値が見直されてきた一方，サンゴ礁そのものは崩壊が進んでいるのは皮肉なものです。

図10-1-1 （左）健全なサンゴ礁。（右）オニヒトデの捕食あるいは白化現象後にサンゴが死亡し，その後回復が見られない場所の様子。穿孔生物あるいは草食魚等によるかじり取りなどにより次第に崩壊していく。

(2) サンゴ礁の魅力と経済効果

　サンゴ礁は島の周りに形成された構造物であり，波を砕く消波効果があるため，天然の防波堤となります。サンゴが激減した今でも構造物として存在し続け，外洋の大波や台風時に島を守ってくれます。そもそも沖縄の多くの島々が隆起サンゴ礁からなり，その上で暮らしていることをあまり実感していないのかもしれません。

　健全なサンゴ礁は，褐虫藻の光合成に始まり，光合成産物が循環して多種多様な生物を支えています。サンゴ礁は海の熱帯雨林，海のオアシス，豊穣の海，魚湧く海等で呼ばれることがあり，まるで打ち出の小槌のようです。産業上重要となる生物の中には，直接あるいは間接的にサンゴ礁に依存しているものがあります。そのことは衰退したサンゴ礁では資源生物も激減することを見れば明らかです。また，私たちがサンゴ礁から受ける恩恵は，海の幸としての水産資源，人を惹きつける観光資源，多様な生物の持つ遺伝子資源，多様性を調べる対象としての学術資源，環境教育などの教育や文化学習の場，癒やしの場など数えればキリがありません。

図10-1-2　琉球大学熱帯生物圏研究センター瀬底研究施設（本部町）の航空写真および屋外水槽。サンゴ礁に近接し，流海水水槽を用いた飼育実験等を行っている。

　価値のあるものを計るのに何でもお金に換算して判断するのはどうかと思いますが，サンゴ礁の価値を仮想評価法（CVM）という経済学の手法ではじき出すことができます。その結果，琉球諸島のサンゴ礁の利用価値は年間約2,000億円と推計されています（Cesar他，2003）。南方の太平洋のサンゴ礁の島々では，住人にとってサンゴ礁は住処であり生きていくための食料を得る場でもあるので，命に直結します。世界のサンゴ礁の現状をまとめたウィルキンソン博士の報告（Wilkinson, 2004）によると，世界のサンゴ礁の20%が既に破壊され，24%が危機に瀕しており，26%が長期的に危うい状態にあるとされて

います。原因は複合的で，気候変動，病気や移入種，人間活動による直接的影響，政治的意思の欠如や未熟な管理などが挙げられています。

10-2 サンゴ礁の保全

(1) 活発化してきた保全活動

　オニヒトデの大量発生によるサンゴの捕食が起こる以前，造礁サンゴは踏みつけて壊してもすぐに回復するタフな存在でした。しかし，現在の状況は激変しています。天敵以外にも白化現象のような気候変動，さらに陸域からの汚染・汚濁物質，病気，外来種などサンゴ礁への負荷はとどまることがありません。人々がサポートしないと現状維持もままならぬ状況になってきました。

　最も有効な保全策は，漁労活動や人間の立入そのものを規制する海洋保護区（MPA）を設けることです。国を挙げてサンゴ礁の保全を行っているオーストラリアでは，利用を完全に制限する区域から一般利用区域までいくつにもランク分けしています。日本でも特別保護区に指定する等の管理ができればと思います。

　劣化が進むサンゴ礁とは逆に，保全に取り組む組織や活動は増加し活発になっています。少なかったサンゴ研究者の数が増え，1997年に日本サンゴ礁

図10-2-1　2016年サンゴ礁ウィーク期間中の3月5日（サンゴの日）に開催されたイベントの一例。（写真提供：NPO法人コーラル沖縄）

学会が設立され，情報の交換や発信を行っています。国際的なイベントとして国際サンゴ礁シンポジウムが，4年に1回オリンピックの年に開催されます。2016年はハワイがシンポジウムの開催地です。2004年には日本（沖縄）で開催されました。国内でのサンゴ礁保全活動として，サンゴにちなんだ3月5日前後をサンゴ礁ウィークとして様々なイベントが開催されています。講演会，展示会はもちろんのこと野外あるいは水族館等で生きたサンゴを直接観察したり，サンゴ植え付け体験実習などの企画も目白押しです（なお，用いるサンゴの生死にかかわらず，このようなイベントでは沖縄県からの許可を受けて，標本の展示やサンゴの植え付け体験を実施しています）。

(2) サンゴの採集を規制する

日本国内には自然公園法（環境省）や各県の漁業関連規則によって，生物の採捕や環境の保全が図られています。沖縄県ではイセエビ等，タコやシャコガイ，サザエ他，水産上重要な生物は漁業調整規則で保護しています。漁業の禁止期間や体長制限，採り方制限があります。造礁サンゴ類ではイシサンゴ目，アナサンゴモドキ目，アオサンゴ目，ヤギ目およびクダサンゴ科に属するものは採集することができません。棘皮動物のウニやナマコ類，ウミガメ類，海藻のヒジキやヒトエグサ他も規制対象です。以下は沖縄県のホームページからサンゴの関係する部分の抜粋です。

---

1. 海中において自生しているものは，採捕は禁止されています。岸壁，消波堤，ロープ，鉄筋，基盤等に自然に付着し，生育しているものも含まれます。ただし，養殖されているものは，除きます。
2. 折れて海域に落ちているもので（生死は問いません。），原形をとどめているもの（砂状，れき状，石状等の死サンゴは，除きます。）も採捕は禁止です。
3. サンゴの死骸（骨格）も採捕は禁止です。
4. サンゴの卵自体は対象外ですが，卵の付着した基盤等は，天然的状態にあるとみなすことができますので，採捕は禁止です。違法に採捕したサンゴの所持，販売は禁止されています。

ただし，試験研究目的他で申請し県知事の特別採捕許可を受けた場合，採取が認められることもあります。研究者は学術研究のため，県知事の許可を受けてサンゴを採集し，実験観察に利用しています。

以上は沖縄県の場合です，県によってサンゴの採捕についての規制は異なります。なお，沖縄県や日本サンゴ礁学会から，サンゴ移植についてのガイドラインが出ています。

(3) オニヒトデの駆除

ある特定の場所を守り続けることによって豊かなサンゴ礁の光景を維持している地域も各地にあります。捕食者のオニヒトデの駆除は狭い地域では有効ですが，むやみに広範囲で行うと効果がないどころか逆効果になってしまうという報告もあります。オニヒトデの大発生には何かしらの理由があるようで，数年から十数年続いたあとに終息することもあります。その期間，特定の場所のサンゴを守るためには，その範囲内を重点的にオニヒトデを繰り返し駆除する必要があります。たとえば慶良間ではダイバーの皆さんが4日に1回の割合でモニタリングと駆除を行っています。また，和歌山県の串本でも漁協のバックアップを受けて，ダイバーの方が侵入するオニヒトデを頻繁に駆除しています。沖縄県ではオニヒトデの大発生の兆候を稚ヒトデのモニタリングから推測し，最も効率的な対処法の研究に取り組んでいます。

オニヒトデを駆除するにはいくつかの方法があります。先端がかぎ状になった棒でサンゴから引きはがし，陸上処分するのが一般的で県や市町村のごみ分別に従って処分します。家庭用生ゴミ扱いの県がありますが沖縄では産業廃棄物扱いなので家庭用ゴミとしては出せません。大量に駆除する場合の処分場所の確保は頭の痛いところです。また，沖縄県外で買い取り制度を導入しているところもありますが，買い取り制度はオニヒトデの数が爆発的に増えると予算的に対応できなくなります。

2009年に黒潮研究所と岡山理科大学の共同研究によって，オニヒトデを海中で殺処分する酢酸注射法が発案されました。15%酢酸溶液を注射器で1か所当たり5mL，オニヒトデへ4〜5か所打ち込みます。この方法の利点は，オニヒトデをサンゴから剥がす際の危険性が少なく，船上そして陸上への運搬がなくなり作業が軽減されることです。注射されたオニヒトデは次第に動きが緩慢となり，サンゴや岩に管足でしっかりしがみつくことができなくなります。管足を操る水管系が大きなダメージを受けているのです。そして数日で昇天します。酢酸注射法の問題点は，オニヒトデが海中にそのまま放置されることと，そこで腐敗分解することなどが考えられます。ちなみに食用のお酢の酢酸濃度は4%なので15%酢酸溶液はより強く臭います。なお，効能は全く異なりますが猛毒のハブクラゲに刺された時の応急措置としてお酢をかけると有効で，

§10　サンゴとサンゴ礁を守る

それ以上の刺胞の発射を抑制してくれます。もちろん病院での治療は必須です。酢酸以外により安価な濃い塩水を打ち込むのも有効との報告があります。

　オニヒトデに刺された時は棘を抜いて，熱めの湯（40〜45℃）に浸し，医師の治療を受けます。棘から毒液が出るのではなく，棘の表面にあるタンパク質が毒成分です。刺されるとズキズキ痛み，より進行すると皮膚がパンパンに腫れます。これまでオニヒトデによる死亡例はなかったのですが，2012年に駆除作業をしていたダイバーがアナフィラキシーショックで亡くなりました。最近，酢酸注射水中ロボットを開発している研究グループがあり話題を集めています。まだ実効性は厳しいものがありますが，ロボットの性能開発に貢献し

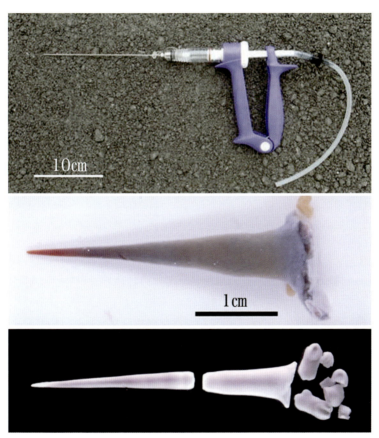

図10-2-2　（上）オニヒトデ用酢酸注射器。（中）オニヒトデの棘。（下）漂白剤で軟組織を除去したもの。関節があり複数の骨（片）から構成されていることがわかる。

ており，将来のオニヒトデ・バスターロボの出現を期待したいものです。

(4) 期待されるサンゴの移植・再生

　荒廃したサンゴ礁に再びサンゴをよみがえらせたいというのは誰もが望むことです。サンゴは自ら動けないので，通常は幼生が漂って定着するところから始まります。そのため，その場所の環境がどんなに良くなっても幼生が来ないことには再生は望めません。近年の遺伝子を用いた研究の結果，サンゴの分散は思いのほか狭いことがわかってきました。沖縄島のサンゴは八重山や慶良間諸島から運ばれてきた幼生起源は少ないようです。遺伝子の攪乱を避ける上でも，移植に当たっては慎重な検討が必要です。

　サンゴ礁の再生に当たって，サンゴを殖やす方法には大きく2つあります。無性生殖法と有性生殖法です。サンゴの多くは群体で無性生殖を繰り返してポリプを増やして大きくなるため，枝の一部を折りとって基盤に固着させ，後はサンゴ自らの成長に委ねる移植法が無性生殖法，サンゴの卵と精子をかけ合わせた有性生殖によって幼生を確保し，基盤に定着させた上でサンゴ礁に戻すのが有性生殖法です。遺伝子の多様度を増す意味では有性生殖に利点があり，大量の枝などを準備してある程度の大きさから開始する無性生殖は簡便です。有性生殖法の場合は基盤に定着した幼ポリプが成長して，ある程度の大きさになるまで水槽で飼育（中間育成），その後に海中に移植します。

　無性生殖による破片の確保に当たっては，親群体にあまりダメージを与えないことが肝心です。また，移植後の手入れや経過観察も重要です。サンゴをかじる魚などを避けるために網をかぶせることもあります。成長が速く，複雑な空間を作る枝状のサンゴが移植にはよく用いられます。

　無性生殖法と有性生殖法を併用して大量の移植サンゴを育成しているケースもあります（例：沖縄県恩納村）。移植によって大きく成長した群体が成熟し，夏の夜に次世代の卵や精子を放出するシーンは感動的です。しかし，全てがうまくいくわけではありません。サンゴ種によってはうまく移植できない種類がいますし，大きくなってからも突然死亡することもあります。『あきらめず楽しみながらサンゴに寄り添うようにつきあうこと』（サンゴの移植に長年取り組まれてきた西平先生談），納得しきりですが，私は未だその境地に達するまでに至っていません。

§11 サンゴを飼育する

(1) サンゴは夜開く―動物プランクトンが餌の決め手

① サンゴは夜に食事をする

　サンゴ礁がある場所は，透明度が高く透き通った海ですが，言葉を変えれば植物プランクトンの少ない，すなわち栄養塩の少ない貧栄養の海とも言えます。実際にプランクトンネットを日中に引いてもあまりプランクトンは入らないのです。ところが日が落ちて暗くなった夜の暗い海に水中ライトを持って入ると，ライトの明かりの周りに無数の動物プランクトンが集まってきます。ほとんどが甲殻類のヨコエビの仲間ですが，カイアシ類（ミジンコの仲間），貝形虫（ウミホタルの仲間），カニなどの幼生そして甲殻類以外のゴカイ他のプランクトンもうごめいています。

図 11-1-1　昼と夜で様相が異なるサンゴの例。日中は褐虫藻の光合成で植物性炭水化物を獲得し，夜間はポリプを開き触手を伸ばして動物プランクトンを捕まえ動物性タンパク質を補給する。

これらの動物プランクトンは日中，海底の礫の隙間や砂の中に潜んでいると考えられます。餌となる植物プランクトンは夜の方が多い訳でもないので，食事のためだけに底から海中に泳ぎだしたのではないと思われます。昼間は捕食者の魚に見つからないように底に潜むというのは一理あります。また，昼間は収縮しているサンゴのポリプが，暗くなると触手を伸ばして開くため，動物プランクトンにとってサンゴのいる海底近くは危険度が増します。夜間はサンゴからの捕食を避けるために海中に泳ぎ出す，という考え方（海洋研究開発機構の中嶋さん）は大変面白いと思います。昼は褐虫藻の光合成で栄養を確保し，夜は昼間の栄養では足りないタンパク質等を取るため動物プランクトンを捕食しようと触手を伸ばすためと考えられます。

　また，昼にポリプを伸ばすと魚にかじられたりついばまれたりする危険性があります。日中もポリプを長く伸ばしているハナガササンゴのような種類もありますが，これらは有毒物質を体内に持つことがわかっています。

② **餌を選ぶのは難しい**

　サンゴは思いのほか飼育が難しい海の生き物です．アクアリストは水槽の光量，温度や栄養塩などの水質に相当気を使っています．臨海実験所のかけ流しの水槽内では上記の条件にあまり気を使うことがありません．しかし，サンゴ種により長期飼育が難しい種類がおり，これらは動物プランクトンへの依存が大きいためと考えられます．実験所ではサンゴ礁の外側から水を引いており，餌としての動物プランクトンの供給量が少ないのです．試しに魚粉の餌を与えると長期間飼育できた種類もいたので，サンゴの食事の嗜好性にも気をつけなければなりません．

図11-1-2　夜間，左側の水中ライトの明かりの周りに集まる多数の動物プランクトン（ストロボ撮影）。甲殻類（ヨコエビ類，カイアシ類他）がほとんど。

§11 サンゴを飼育する

(2) ダイバーやアクアリストから学ぶ

ナインティナイン岡村隆史さん主演の映画「てぃだかんかん - 海とサンゴと小さな奇跡 -」がありました。てぃだ（太陽）かんかん（ぎらぎらまぶしい），「今日はてぃ〜だかんかんで暑いね〜」というように沖縄では日常的に使われる方言です。サンゴの移植と増養殖に取り組まれている金城浩二さんがモデルとなっています。この中で登場するサンゴ学者は移植に取り組む素人をなじる憎まれ役となっており，その当時，学会内では物議をかもしました。その方が面白いし，一般の方からはそのように見えるのもまんざら外れていないように思いました。最近は多くの学会（学界）で高校生等の学生あるいは NPO 他のポスター発表を行う等，だいぶ開かれた業界となってきました。

① アマチュアから寄せられる貴重な情報

サンゴ（礁）に限っても，以前は研究者しか語ることがなかった対象のサンゴが，一般の方の眼に触れ，情報としても共有される話題の一つになってきました。ダイバーの増加，安価な水中デジタルカメラおよびインターネットの普及が大きく貢献したと思います。これまで研究者あるいはプロの水中カメラマンを通して情報を入手するしかなかった水中の映像が，ダイビングショップや一般のダイバーから発信されるようになり，白化現象やオニヒトデの情報など（水温や GPS のデータなども含め），研究者にとっておおいに役立っています。私個人の場合も，研究テーマであるサンゴの病気についての情報がダイビングショップの方から寄せられ，最終的に共著で論文にして発表したことが何度もあります。

また，実験所の海水かけ流しの水槽でサンゴを飼育していると気づかないような情報をアクアリストの方から得ることもあります。サンゴの飼育は思いのほか難しく，美ら海水族館でサンゴの飼育展示に成功した時は世界的にも注目されました。客寄せ効果もあることから，近年は多くの水族館でサンゴの展示が行われるようになってきました。金城さんの「さんご畑」の水槽を見学すると，小さな魚や巻貝そして砂の中に含まれる細菌の力を借りてサンゴがすくすく育っていることに感心させられます。一見単純な作りですが，これまでの経験が随所に活かされており，生物たちの力を借り彼らに任せている領域にまで到達した飼育システムだと思います。

また，サンゴとは直接かかわってはいない漁業従事者からの情報，昔の健全な時代のサンゴ礁を知る古老の話もとても貴重です。近年は，サンゴに対する垣根が低くなると同時に，一方ではサンゴの扱い方に対する眼も厳しく

なってきました。自然界のサンゴ礁は人が手助けしないと現状維持もままならない状況になっています。現在の青息吐息のサンゴたちと，これに依存あるいは共存する住人（サンゴ，褐虫藻，細菌等を含めての共同体をホロビオント holobiont と呼ぶことがあります）が将来のサンゴ礁でも引き続き見られるように願いたいものです。

図 11-1-3　サンゴの増養殖施設。開放型水槽（海水を常時供給）。枝状ミドリイシの小枝を水槽内で育て，大きくなったものを海に移植している。
（写真提供：「さんご畑」金城浩二）

② サンゴを飼育するための様々な工夫

　海産生物の飼育を自宅等で行うには，塩分の調整など淡水に比べ困難があるにもかかわらず，順調に生物を飼育されているアクアリストが増えてきました。南の生物のサンゴは，褐虫藻の光合成に必要な光や水温の調節が必要で，サンゴそのものが飼育することが難しい生物の一つです。特に，閉鎖式の循環水槽では光と水質の管理がとても重要で，さらにサンゴの種類によって扱い方も変わります。光（強さ，波長および調光），水質（温度，水流，pH，アンモニウム，硝酸，リン酸，カルシウムやヨウ素など微量のミネラル，液替え頻度他），餌（粉末フード，液体フード，栄養分，大きさ，与え方），添加剤（コケの除去，様々な調整剤，色揚げ他），ポンプやフィルターなどのグッズや他の器材の組み合わせを見るにつけ，アクアリストたちが真摯に飼育に取り組む工夫と姿勢には頭が下がります。また，何気なく見ていたアクアリスト関係の本や雑誌の情報から，思わぬ学術的研究のヒントを得ることもあります。

§11 サンゴを飼育する

図11-1-4　サンゴそれぞれの特性を配慮した上でレイアウトされた閉鎖型（循環型）の長期飼育水槽の例。(写真提供：高野貴士（アクア環境システム TOJO))

CORAL * COLUMN   コーラル*コラム

緑色に光る蛍光サンゴ

　2008年のノーベル化学賞は，オワンクラゲからGFP（緑色蛍光タンパク質）を発見した下村脩博士他に授与されました。他のタンパク質と結合させて目印にすることができ（GFPタグ），その応用範囲は広く，生物工学や医学の分野ではなくてはならない物質です。しかし，オワンクラゲのGFPそのものの機能は未だに不明です。

　同じ刺胞動物のサンゴにもGFPを持つ種類がおり，暗所であるいは夜間に紫外線（励起光，約400nm）を当てるとあざやかな緑色の蛍光（約510nm）を発します。GFPの知名度と光りモノ効果もあり，学生への受けがいいので，サンゴの実習で披露するお決まりアイテムの一つです。

　サンゴの種類によっても，あるいは同じ種類でもGFPの含有量は大きく異なり，またポリプ内での部位，発生段階でも存在場所と強度は様々です。サンゴのGFPの役割についてはいくつかの仮説があります。光合成に利用できない波長の短い光を波長の長い光に変換して光合成に有効利用する，紫外線を吸収するので紫外線防御をしている（日焼け止め効果），褐虫藻の誘因などです。どれも説得力がありますが一口で説明できる代物ではありません。オワンクラゲと同様，サンゴの何の役に立っているかはっきりとはわからないという神秘性があるのも魅力かもしれません。

　サンゴ礁にはGFPに限らず赤（RFP）や黄色（YFP）などの蛍光物質を持つ生物がおり，また光合成色素のクロロフィルは紫外線で赤い自家蛍光を発します。ウミホタルなどの発光生物も加え，光りモノに関する引き出しは増えそうです。

昼間のミドリイシ群体（左）および夜間に紫外線を当てた時のGFPの緑色の蛍光を発する群体（中央）。（右）紫外線を当てたアザミサンゴのポリプ，触手にはGFPが多く緑色の強い蛍光を発し，下側の軟組織は褐虫藻のクロロフィルが赤い自家蛍光を発している。

あとがき

　海は危険で近づいてはいけない場所だと教えられ育ったものの，大学に入っての臨海実習で初めてサンゴ礁を見て，サンゴについて初めて学んだ時，沖縄に生まれ育っていながら全く知らなかった世界であり，大きな衝撃を受けました。その後の方向性が決まった瞬間でした。サンゴ研究の道に導いて下さった故山里清先生，研究の厳しさと生物に対する立ち位置を教えていただいた西平守孝先生，時に厳しくそして丁寧にご指導いただいた和田浩爾先生，ありがとうございました。3度替わった職場，琉球大学，名桜大学，沖縄高専，そして再び戻った琉球大学の同僚や学生の皆さんにはお世話になりました。学生の時から通い続けた瀬底島に平成25年に赴任することができたものの，酒井一彦熱帯生物圏研究センター長の期待には十分に応えられないまま早3年，この本が少しでもサンゴと当センターのPRに役立てば幸いです。

　サンゴ（礁）の本はそれなりにあるものの，造礁サンゴと宝石サンゴのどちらも扱った写真の豊富なわかりやすいものがない，という所からこの本の構想がスタートしました。しかし，宝石サンゴは守備範囲外，分類上の八放サンゴというくくりで宝石サンゴも見ているので，いざ宝石サンゴのことを調べ始めると困りました。宝石サンゴについては高知県で情報収集するのが最適とは思いつつ，知人を頼って沖縄県内の宝石サンゴ加工所を見学させてもらいました。吉浜さんご加工所の吉浜繁氏には沖縄の宝石サンゴのこと，実際の加工の様子を懇切丁寧に教えていただきました。林原毅さんと野中正法さんには宝石サンゴに関する貴重なコメントをいただきました。

　本著を書くことになったきっかけを作っていただいた名古屋みなと振興財団の中嶋清徳氏，そして何よりものんびりしていた私を叱咤激励し辛抱強く待っていただいた㈱成山堂書店の小川典子社長と編集担当の宮澤俊哉・猪俣英子の両氏に感謝申し上げます。最後に，知名度が低くお金にもならなかったサンゴの研究を黙認し支えてくれた家族に，ありがとう。

平成28年8月

山城　秀之

コモチハナガササンゴ提供：安田直子
情報提供：中野義勝
挿絵：山城理美

参考資料・website

日本語で書かれた入手しやすい書籍の一部です。

- 岩崎望編 .2008. 珊瑚の文化誌 . 東海大学出版会 .
- 加藤真 .1999. 日本の渚－失われゆく海辺の自然－ .
- 西平守孝・Veron JEN.1995. 日本の造礁サンゴ類 . 海游社 .
- 日本サンゴ礁学会編 .2011. サンゴ礁学 . 東海大学出版会 .
- 本川達雄 .2008. サンゴとサンゴ礁のはなし　南の海のふしぎな生態系 . 中公新書 .
- 水木桂子・和田誠 .2000. エリセラさんご . 朔北社 .
- 山本智之 .2015. 海洋大異変　日本の魚食文化に迫る危機 . 朝日新聞出版 .
- 水産庁 .2015. 平成 27 年度水産庁漁業調査船「開洋丸」沖縄周辺海域宝石サンゴ漁場環境調査 報告書

- 日本サンゴ礁学会のウェブサイト（http://www.jcrs.jp/）では，サンゴあるいはサンゴ礁に関連する書籍等の一覧があります。また，ダウンロードできる資料もあります。
- サンゴ礁研究者がオススメする サンゴ礁のことがもっと知りたくなる本リストは「おきなわサンゴ礁ウィーク 2014 版」日本サンゴ礁学会若手の会からダウンロードできます。

索　引

サンゴ索引

【綱・亜綱・目・科】

ヒドロ虫綱 Hydrozoa　*8,66*
　ヒドロ虫亜綱 Hydroidolina　*66*
花虫綱 Anthozoa　*40,64*
　六放サンゴ亜綱 Hexacorallia　*6,40*
　八放サンゴ亜綱 Octocorallia　*8,64,74*
　アオサンゴ（目）Helioporacea　*8,64,149*

アナサンゴモドキ類 (Milleporina 目)
　　　　　　　　　　　　66,149
イシサンゴ（目）Scleractinia
　　　　　　　　　6,40,75,149
ウミエラ（目）Pennatulacea
　　　　　　　　　　26,68,72
ウミトサカ（目）Alcyonacea　*8,64,68*
サンゴモドキ類 (Anthoathecata 目)　*68*
ヤギ（目）Gorgonacea　*68,70,76,149*
アオサンゴ (科) Helioporidae　*64*

イソバナ（科）Melithaeidae　*8,70,79*
オオトゲサンゴ（科）Lobophylliidae　*54*
キクメイシ（科）Faviidae
　　　　　　　　6,32,34,56,137
クサビライシ（科）Fungiidae
　　　　　　　　8,33,37,38,52
クダサンゴ（科）Tubiporidae　*64,149*
サザナミサンゴ（科）Merulinidae　*56,58*
サンゴ (科) Coralliidae　*8,76*
ハナサンゴ（科）Euphylliidae　*54*
ハナヤサイサンゴ（科）Pocilloporidae
　　　　　　　　　　　　6,40

ヒラヤギ（科）Subergorgiidae　*8,70*
ハマサンゴ（科）Poritidae　*48*
ヒラフキサンゴ（科）Agariciidae　*50*
ミドリイシ（科）Acroporidae　*6,42,46*
ムチヤギ（科）Ellisellidae　*70*

【属・種】

アオサンゴ *Heliopora coerulea*
　　　　　　　　　8,21,25,30,64
アカサンゴ *Paracorallium japonicum*
　　　　　　　　　　25,74,76,82
アザミサンゴ *Galaxea fascicularis*
　　　　　　　　11,32,35,36,54,158
アザミサンゴ（属）*Galaxea*　*54*
アザミハナガタサンゴ（属）*Scolymia*　*54*
アナサンゴ（属）*Astreopora*　*46*
アナサンゴモドキ（属）*Millepora*
　　　　　　　　21,36,66,79,131
アミメヒラヤギ *Annella reticulata*　*106*
イボサンゴ（属）*Hydnophora*　*59*
イボヤギ（属）*Tubastraea*　*7,62*
ウネタケ（属）*Lobophytum*　*17,68*
ウミアザミ（属）*Xenia*　*8*
ウミキノコ（属）*Sarcophyton*　*68*
ウミトサカ（属）*Alcyonium*　*68*
ウミバラ（属）*Pectinia*　*59*
エダコモンサンゴ *Montipora digitata*
　　　　　　　　　　　　33,46
エダミドリイシ　*18*
オオスリバチサンゴ *Turbinaria peltata*
　　　　　　　　　　　　114,136

161

索 引

オオトゲトサカ Dendronephthya gigantea
　　　　　　　71,79,80
オオハナサンゴ（属）Physogyra　60
カタトサカ（属）Sinularia　68
カワラサンゴ（属）Lithophyllon　53
キクメイシモドキ Oulastrea crispata
　　　　　　　72,137
クサビライシ（属）Fungia　18,52
クダサンゴ Tubipora musica　7,64
コカメノコキクメイシ（属）Goniastrea
　　　　　　　19,56
コハナガタサンゴ Cynarina lacrymalis　54
コモチハナガササンゴ Goniopora stokesi
　　　　　　　33,136
コモンサンゴ（属）Montipora　42,46,112,135
コユビミドリイシ Acropora digitifera　115
シコロサンゴ（属）Pavona　50
ショウガサンゴ（属）Stylophora　40
ダイオウサンゴ（属）Diploastrea　60
ダイノウサンゴ（属）Symphyllia　54
タバネサンゴ（属）Caulastrea　59
トゲキクメイシ（属）Cyphastrea　59
トゲクサビライシ（属）Ctenactis　53
トゲサンゴ（属）Seriatopora　33,40,131
トゲトサカ（属）Dendronephthya　8,70

ナガレハナサンゴ（属）Euphyllia　56
ニオウミドリイシ（属）Isopora　43
ノウサンゴ（属）Platygyra　58
ハナガササンゴ（属）Goniopora　28,48,154
ハナガタサンゴ（属）Lobophyllia　54
ハナヤサイサンゴ（属）Pocillopora
　　　　　　　32,40,134,135
ハマサンゴ（属）Porites　17,27,48,98,116
フトウネタケ Lobophytum crassum
　　　　　　　18,30,69,80
ミズタマサンゴ（属）Plerogyra　60
ミドリイシ（属）Acropora
　　　　　　　31,37,42,46,113,156
ムラサキギサンゴ
　　　　Distichopora violacea　68
モモイロサンゴ Corallium elatius
　　　　　　　74,76,78,84
ヤセミドリイシ Acropora horrida　27
ユビエダハマサンゴ Porites cylindrica　49
リュウキュウキッカサンゴ（属）Echinopora
　　　　　　　59
リュウモンサンゴ（属）Pachyseris　50,98
ワレクサビライシ類（属）
　　　　Cycloseris (旧 Diaseris)　8,34,38

一般索引

【ア行】

隔膜　*10,35*
隔膜糸　*10,35*
アクアリスト　*ii ,4,154*
カサノリ　*125*
アポトーシス　*28*
褐虫藻　*i ,3,5,13,26,132*
アラゴナイト　*24,64*
家庭排水　*142*
霰石（あられいし）→アラゴナイト
カルカリーナ（*Calcarina*）　*127*
アルガルボール（algal ball）　*125*
カルサイト→方解石
アンフィステジナ（*Amphistegina*）　*127*
環境ホルモン→内分泌 攪乱 化学物質
イシマテ　*92*
カンザシゴカイ　*92*
イラモ　*12*
環礁　*121*
渦鞭毛藻類　*5,13*
気候変動　*130,138*
ウミウチワ　*125*
共骨　*10,22*
ウミギクガイモドキ　*92*
共生藻　*5,102,126*
ウミシダ　*88*
共肉　*10*
エニウェトク環礁　*124*
莢壁（きょうへき）　*10,22*
エルニーニョ現象　*131*
裾礁（きょしょう）　*121*
縁溝縁脚系（spur and groove system）
クリオナ（*Cliona*）　*83,93*
　　　　　　　　　　　　　　121
グレートバリアリーフ　*121,123,129,132*
オウギケイソウ　*105*
蛍光（サンゴ）　*79,80,115,158*
オオタカノハガイ　*92*
ケイ藻（珪藻）　*104,124*
沖縄島北端　*122*
沖永良部島　*122*

【サ行】

オストレオビウム（*Ostreobium*）　*93,94*
オニヒトデ　*ii ,4,99,146*
細胞外石灰化　*7,25*
オニヒトデの駆除　*150*
細胞内石灰化　*7,25*
酢酸注射法　*150*

【カ行】

サムナステロイド型　*23*
サンゴ—
カイアシ類　*92,118,153*
　　の移植　*78,152,156*
海水温上昇→海洋の温暖化
　　の寄生虫　*116*
海洋酸性化　*iii ,103,130,140*
　　の硬度　*25*
海洋の温暖化　*iii ,103,110,113,131,138*
　　の骨格　*5,9,21*
海洋保護区（MPA）　*148*
　　の採集の規制　*149*
火焔サンゴ　*8,66*
　　の再生　*52,98,152*
隔壁　*10,46,54*
　　の飼育　*4,153*

163

一 般 索 引

　　　の寿命　*3,27*
　　　の種類　*2,39*
　　　の食物　*3,74,76*
　　　の成長速度　*27,78*
　　　の性転換　*31*
　　　の増養殖施設　*156*
　　　の年齢　*27,48*
　　　の病気　*4,102,109,138*
　　　の北上　*iii,138*
サンゴガニ　*40,90*
サンゴ礁　*i,2,4,35*
サンゴ礁との共生　*142*
サンゴ礁の型　*120*
サンゴ礁の価値（経済効果）　*129,147*
サンゴ礁の保全　*148*
サンゴテッポウエビ　*40,90,107*
サンゴ虫→ポリプ
サンゴヤドリガニ　*41,90*
シアノバクテリア　*20,105,110,112*
GFP（緑色蛍光タンパク質）　*54,79,158*
刺胞　*9,15*
刺胞動物　*2,6,9*
シャコガイ　*92,95,134*
礁縁（reef margin）　*121*
礁原（reef flat）　*121*
礁斜面（reef slope）　*121*
礁池（moat）　*123*
触手　*9,10,35*
シロレイシガイダマシ　*4,101*
水平溶解自切　*33*
スウィーパー触手　*35,54*
スーパーエルニーニョ　*132,139*
スズメダイ　*90,99*
スナギンチャク　*7,11*
石灰藻　*2,90,99*
瀬底島　*44,101,109,112,122,139*
ゼニイシ（*Marginopora*）　*127*
セリオイド型　*22*

穿孔利用者　*88,92*
繊毛虫　*112,115*
造礁サンゴ　*ii,2,6,13,21,40,78*
ソテツ　*20*
ソフトコーラル　*5,8,25,28,68,74,76*

【タ行】

太陽の砂（*Calcarina*）→カルカリーナ
ダルマハゼ　*40,90*
炭酸カルシウム　*10,21,64*
淡水流入　*143*
地球環境の変化　*130*
貯蔵脂質　*19,134*
低温白化（冬場の白化）　*135,140*
テーブル（テーブル状）サンゴ
　　　　　　　　　　24,27,32,37,42,78
テルピオス海綿（*Terpios*）　*108*
トリアシルグリセロール（TG）　*19,134*
トリブチルスズ（TBT）　*145*

【ナ行】

内分泌攪乱化学物質　*145*
ナガウニ　*88*
ナノプラスチック　*145*
ニザダイ　*98*
人魚の銅貨　*127*
人間活動のサンゴ礁への影響　*130,142*
ネオロタリア　*128*
ノッチ　*123*

【ハ行】

ハードコーラル→造礁サンゴ
ハイドノフォロイド型　*23*
胚葉　*9*
バキュロジプシナ（*Baculogypsina*）　*127*

一般索引

白化（白化現象）(bleaching)
　　　　　　　　iii, 4, 14, 131, 140, 148
八放サンゴ　8, 21, 25, 64, 68, 74
破片分散　32
非造礁性サンゴ　5, 68, 72
ヒドロサンゴ　8, 66
ファイヤーコーラル→火焰サンゴ
ファセロイド型　22
富栄養化　106, 144
フジツボ類　92
ブダイ　48, 97
フタモチヘビガイ　91
ブラウンバンド病 (BrB)　102, 111, 115
ブラックバンド病 (Black Band Disease, BBD)　46, 112
プラヌラ幼生　14, 21, 32, 135
フラベローメアンドロイド型　23
プレシャスコーラル　76
プロコイド型　22
ペネロプリス（*Peneroplis*）　127
ヘビガイ　91
方解石　24, 64
放射状溶解自切　34
宝石サンゴ　*ii*, 5, 8, 25, 74, 86
宝石サンゴ―
　　加工　83
　　の価格　81
　　の骨格　79
　　の殖え方　78
星砂　127
ホシムシ　92, 94
堡礁（ほしょう）　121
ホモトレマ（*Homotrema*）　128
ポリプ　*iv*, 8, 22
ポリプ世代　8, 12
ポリプの構造　9
ポリプの出芽　11, 32
ポリプの流れ出し　33

ポリプの抜け出し　33
ポリプの分裂　32
ポリプボール　33
ホワイトシンドローム（WS）　110, 113
ホワイトスポットシンドローム　114

【マ行】

マージノポラ（*Marginopora*）　127
マイクロプラスチック　145
ミノウミウシ　62, 102
宮古島　122
無性生殖　21, 32, 152
ムロガイ　92
メアンドロイド型　22

【ヤ行】

有孔虫　14, 126
有性生殖　29, 68, 152
有藻サンゴ→造礁サンゴ
ゆでガエル現象　130
読谷村　122, 127

【ラ行】

リーフ→礁原
離礁（patch reef）　112, 123
琉球大学熱帯生物圏研究センター　147
リングビア（*Lyngbya*）　106
レイシガイダマシ（*Drupella*）　42, 101
肋（ろく）　10, 23
六放サンゴ　21, 25, 40

【ワ行】

ワックス (Wax)　19, 134

著者紹介

山城 秀之（やましろ ひでゆき）

履歴・学位

1980　琉球大学理学部生物学科 卒
1983　琉球大学大学院理学研究科 修了
1983 - 2000　琉球大学放射性同位元素等取扱施設 技術職員
2000 - 2006　名桜大学国際学部観光産業学科 講師，助教授，教授
2006 - 2013　沖縄工業高等専門学校生物資源工学科 教授
2013 - 現在　琉球大学熱帯生物圏研究センター瀬底研究施設 教授
博士（学術）

所属学会

日本サンゴ礁学会，国際サンゴ礁学会，日本動物学会，
日本水産学会，沖縄生物学会，他

サ　ン　ゴ　知られざる世界　　定価はカバーに表示してあります。

2016 年 9 月 8 日　初版発行
2024 年 8 月 28 日　4 版発行

著　者　山城　秀之
発行者　小川　啓人
印　刷　株式会社暁印刷
製　本　東京美術紙工協業組合

発行所　株式会社 成山堂書店

〒160-0012　東京都新宿区南元町 4 番 51　成山堂ビル
TEL：03(3357)5861　FAX：03(3357)5867
URL　https://www.seizando.co.jp
落丁・乱丁本はお取り換えいたしますので，小社営業チーム宛にお送りください。

ⓒ 2016　Hideyuki Yamashiro
Printed in Japan　　ISBN978-4-425-83071-8

成山堂書店の海と生物 関係書籍

世界に一つだけの深海水族館

沼津港深海水族館 シーラカンス・ミュージアム
館長　石垣　幸二　監修

他に例がない特殊な環境の"深海"をテーマにした水族館の名物館長が監修した深海生物図鑑。生物写真は100点以上。シーラカンスの謎から現場発の飼育日記、深海生物クッキングまで深海生物尽くしの一冊。

B5判　144頁　定価　2,200円（税込）

The Shell
―綺麗で希少な貝類コレクション303―

真鶴町立遠藤貝類博物館　著

4,500種50,000点。至高の収蔵品の中から厳選した国内有数の貝類コレクションをすべて撮り下ろしたフルカラーの美麗な写真、待望の書籍化。

A4変形判　132頁　定価　2,970円（税込）

磯で観察しながら見られる水に強い本！
海辺の生きもの図鑑

千葉県立中央博物館分館　海の博物館　監修

潮間帯に棲む海の生きもの300種を掲載。水に強いはつ水用紙を使用しているので、実際のフィールドで使えるフルカラーハンドブック。

新書判　144頁　定価　1,540円（税込）

BOTTLIUM ボトリウム
―手のひらサイズの小さな水槽―

田畑 哲生 著

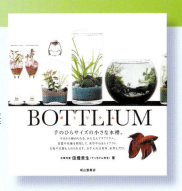

食器や花瓶を利用し、水草や石をレイアウトするだけのお手軽新感覚アクアリウム。「箱庭水族館」の世界へいざ！

A4 変型　84 頁フルカラー
定価 1,650 円（税込）

BOTTLIUM2 ボトリウム 2
―ひとり暮らしの小さな小さな水族館。―

田畑 哲生 著

ワンルームでも OK。リビング、寝室、キッチンに飾って楽しめる自作型室内アクアリウムを紹介する第二弾。百均で材料調達が可能なお手軽さ。

A4 変型　84 頁フルカラー
定価　1,650 円（税込）

美しき貝の博物図鑑
―色と模様、形のバリエーション
／フリーク／ハイブリッド―

池田 等 著

貝殻が魅せる様々な姿。貝殻を見る目が変わる圧倒的美の世界。著者自らが 50 年にわたり拾い集め、世界中から取り寄せた数十万に及ぶコレクションから選び抜いた 233 種、1,678 個を掲載。

B5 判　192 頁　定価　3,520 円（税込）

サンゴの白化
―失われるサンゴ礁の海とそのメカニズム―

中村 崇・山城秀之　共編著

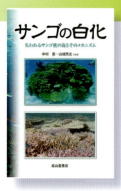

「サンゴの白化現象」を中心に据え、サンゴの生態、白化の原因・プロセスを説明。サンゴ礁と人間の関わりから環境問題への対応を提言。

A5判　178頁
定価 2,530 円（税込）

最新ダイビング用語事典
―安全管理，活動の実例から
　　　　　　医学，教育情報まで―

日本水中科学協会　編

スポーツダイバーから水中作業を行う潜水士まで、ダイビングによる水中活動の全てがわかる図・写真も豊富な読む事典！

B5判　304頁　定価 5,940 円（税込）

スキンダイビング・セーフティ
―スノーケリングからフリーダイビングまで―（2訂版）

岡本 美鈴・千足 耕一・
藤本 浩一・須賀 次郎　共著

安全に楽しむには、正しい知識の習得が必要。日本水中科学協会に在籍する4人のプロが書いた安全指導書。

四六判　264頁　定価 1,980 円（税込）